中国宗教伦理
近代化研究

刘登科 著

 南京大学出版社

图书在版编目(CIP)数据

中国宗教伦理近代化研究 / 刘登科著. —南京：
南京大学出版社，2023.10
ISBN 978 - 7 - 305 - 27094 - 9

Ⅰ.①中⋯ Ⅱ.①刘⋯ Ⅲ.①宗教-伦理学-研究-
中国-近代 Ⅳ.①B82-055②B920

中国国家版本馆 CIP 数据核字(2023)第 113686 号

出版发行 南京大学出版社
社　　址 南京市汉口路 22 号　　　　邮　编 210093
书　　名 中国宗教伦理近代化研究
　　　　　ZHONGGUO ZONGJIAO LUNLI JINDAIHUA YANJIU
著　　者 刘登科
责任编辑 郭艳娟

照　　排 南京紫藤制版印务中心
印　　刷 南京人民印刷厂有限责任公司
开　　本 635 毫米×965 毫米　1/16　印张 14.75　字数 200 千
版　　次 2023 年 10 月第 1 版　2023 年 10 月第 1 次印刷
ISBN 978 - 7 - 305 - 27094 - 9
定　　价 60.00 元

网　　址 http://www.njupco.com
官方微博 http://weibo.com/njupco
官方微信 njupress
销售热线 (025)83594756

目　录

导　论

第一节　研究缘起

中国宗教伦理近代化研究既关乎理论，又关乎实践。近年来，随着科学理论与时俱进发展，宗教和道德领域一些问题日益凸显，以及新文献资料和新研究成果不断推出，深化此课题研究具有一定的必要性和紧迫性。

一、创新理论的与时俱进

党的十八大以来，党和国家事业发生历史性变革，取得历史性成就，中国特色社会主义进入新时代。作为马克思主义中国化的最新理论成果，习近平新时代中国特色社会主义思想赋予马克思主义新的时代内涵，是马克思主义中国化最新成果，是当代中国的马克思主义、二十一世纪马克思主义，并以重大的理论意义和实践意义镌刻在世界思想理论版图的显著位置。在道德建设与宗教工作方面，习近平总书记发表了系列重要讲话，从培育和践行社会主义核心价值观，到推动中华传统美德创造性转化、创新性发展，再到阐发中国宗教与中华文明的内在关联，开创性地提出了许多新观点、新论断、新要求，深刻阐明了一系列重大理论和实践问题。习近平总书记的重要论述，丰富和发展了中国特色社会主义理论,具有鲜明的时代特征和现实针对性,标志着我们党对道德建设与宗教工作的认识达到新高度,为做好新时代道德建设与宗教工作提供了行动指南,也为相关领域的理论研究提供了根本遵循。

明确了核心价值观的独特作用。习近平总书记强调,对一个民族、一个国家来说,最持久、最深层的力量是全社会共同认可的核心价值观。富强、民主、文明、和谐,自由、平等、公正、法治,爱国、敬业、诚信、友善,传承着中华优秀传统文化的基因,寄托着近代以来中国人民上下求索、历经千辛万苦确立的理想和信念,也承载着每个人的美好愿景。中华文明绵延数千年,有独特的价值体系,要注重用中华优秀传统文化涵养社会主义核心价值观,加强对中华优秀传统文化的挖掘和阐发,推动中华传统美德的创造性转化、创新性发展,把培育和弘扬社会主义核心价值观作为凝魂聚气、强基固本的基础工程,进而成为实现中华民族伟大复兴的强大精神力量。从历史的角度看,中国宗教伦理的形成与发展凝聚了中国人民的心血,中国宗教伦理的理论成果是中国百姓的智慧创造,为中国伦理思想的发展和繁荣注入了活力,其诸多理念、戒律与社会主义核心价值观有许多共同之处。透过中国宗教近代化的历史进程,我们发现,宗教界进步人士时刻关注社会道德状况,褒奖道德行为,鞭挞败德行为,并对传统宗教伦理进行时代取舍、诠释和创新,以推进良好道德秩序的确立,对当下的道德建设仍有启发意义。

明确了宗教中国化的发展方向。习近平总书记强调,积极引导宗教与社会主义社会相适应,一个重要的任务就是支持我国宗教坚持中国化方向。无论本土宗教还是外来宗教,都需要不断适应我国社会发展。人类历史上产生过许多宗教,其中大多数因为不适应所处社会文化的发展,不可避免地走向了衰亡,消失在历史的长河中。中国化是我国宗教的优良传统,佛教、伊斯兰教、基督教都是从外部传入,经历了长期的、主动的本土化,与中国政治、经济、文化和社会逐步相适应。特别是新中国成立以来,在党的领导下,我国宗教走出了符合国情特点的中国化道路,成为中国人自己的宗教。① 这种"中国化"既有表层的,包括宗教服饰、宗教建筑、宗教仪轨等方面;也有深层次的,包括引导各宗教在制度规范、道德文化等方面进行深层次的对接。在近代化的过程中,来自西方的基督教伦理创造性融摄中国本土伦理,凝聚着马相伯、赵紫宸、吴耀宗、王治心、吴雷川等中国本土宗教神学家的创造性成果,丰富了中国宗教伦理的内涵,形成了外来宗教本土化的有益探索,对于推动我国各宗教真正成为中国宗教,而不是"宗教在中国",具有重要的借鉴意义。

明确了辩证看待宗教的社会价值。习近平总书记强调,既不能只注重抑制消极因素、忽视调动积极因素,也不能只注重调动积极因素、忽视抑制消极因素,而是要因势利导、趋利避害,引导宗教为促进经济发展、社会和谐、文化繁荣、民族团结、祖国统一服务。在现代社会,宗教为信徒设计天国生活蓝图的梦想遭到破灭,但仍能维系信教群众的道德信念,可为信教群众的尘世生活提供行为指南,这种功能主要由宗教伦理来承担。中国宗教伦理近代化研究表明,与时俱进的宗教伦理为信教群体提供了道德信念,规范着他们的生活行为。从某种程度上说,宗教的伦理思想和道德说教比起宗教的其他神学理论,在教徒中有着更广泛和深刻的影响,对教徒的精神生活和社会生活起着更重要的作用。② 要坚持"导"的态度,因势利导、趋利避害,最大限度发挥宗教伦理的积极作用,为促进经济发展、社会和谐、文化繁荣、民族团结、祖国统一服务。

明确了宗教伦理的时代转化。习近平总书记强调,我国宗教无论是本土宗教还是外来宗教,都深深嵌入拥有五千多年历史的中华文明,深

---

① 孙春兰:《深入学习贯彻习近平总书记重要讲话精神 扎实做好新形势下宗教工作》,《求是》2016年第8期。

② 业露华:《论宗教道德在社会主义阶段的变化及作用》,《世界宗教研究》2002年第2期。

深融入我们的社会生活。有学者认为,我国各大宗教教义中的许多内容,比如伦理道德方面的一些要求,与现时代社会发展的趋势,与我们所倡导的精神文明是一致的。宗教界对这些有益于社会、有益于人群的内容,要加以挖掘,加以整理,加以强调。① 因此,要善于用中华文化浸润我国各种宗教,支持各宗教在保持基本信仰、核心教义、礼仪制度的同时,深入挖掘教义教规中有利于社会和谐、时代进步、健康文明的内容,对教规教义做出符合当代中国发展进步要求、符合中华优秀传统文化的阐释,努力把宗教教义同中华文化相融合。同时,要用社会主义核心价值观引导宗教界人士,用团结进步、和平宽容等观念教育信教群众,使其符合当代中国发展的进步要求。

二、实践发展的日新月异

强化问题意识,是理论研究应有的一个鲜明导向。改革开放以来,党中央着眼于国际国内形势的深刻变化,始终坚持问题导向,深入研究我国宗教领域出现的新情况新问题,抓住主要矛盾,化解重大风险,解决突出问题,以做好重点工作推进全局工作,维护我国宗教领域正常秩序和社会稳定。近年来,受到国际国内复杂形势的影响,一些新情况新问题日益凸显,比如境外利用宗教进行渗透的势力加剧,极端宗教思想在有的地方蔓延,网络宗教问题开始突出,佛教道教商业化乱象引发社会普遍关注,一些地方非法宗教活动屡禁不止。当下,正确处理宗教领域各种矛盾和问题,重在加大引导力度、提高宗教工作法治化水平,同时也需要强化相关理论研究,以提供有针对性的理论指导和借鉴。

从历史中总结经验、吸取教训,是理论研究的一个重要价值所在。历史思维,是以历史材料为依据、为参照,运用辩证唯物主义和历史唯物

---

① 参见龚学增:《宗教问题概论》第三版,四川人民出版社2007年版,第266页。

主义,从历史视野和发展规律中思考分析问题、把握前进方向、解决当下问题。学史可以观成败、鉴得失、知兴替,了解历史、尊重规律才能更好把握当下,以史为鉴、与时俱进才能更好地走向未来。党的十八大以来,习近平总书记在治党治国治军实践中,坚持运用深远的历史眼光、深邃的历史学识、深刻的历史思维,回顾过往、分析现状、判断趋势、把握未来,在学习和运用历史思维上树立了榜样。清末民初,中国各宗教发展遇到了多种问题,国人对宗教持负面印象者居多。从教训看,各宗教呈现避世、厌世特征,往往不关注、关怀现实社会,而沉溺于虚无缥缈的来世,算命、相面、抽签算卦、巫婆神汉、设坛扶乩、风水堪舆等诸种世俗民间活动及迷信思想抬头,以至于简又文认为以佛道为代表的中国宗教已"失却道德的或哲学的崇高意义了"①。从经验来看,近代中国宗教伦理入世倾向的渐强,大大推进了宗教自身的健康发展,扩大了宗教伦理的社会影响。历史、现实、未来是相通的,应当坚持以史为鉴,善于培养历史思维,提高历史思维能力,加强向历史学习,汲取历史经验教训。

三、文献成果的不断涌现

改革开放以来,我国的宗教伦理研究从无到有、从自发到自觉,逐步展开、多线推进,并取得了长足发展。② 近年来,围绕引导宗教与社会主义社会相适应这一主线,我国宗教伦理研究者显著增多,学术视阈明显拓展,比较研究持续推进,各类研究成果陆续问世,呈现出欣欣向荣的景象。

基础理论的整体研究。在前期研究的基础上,研究者坚持以马克思主义为指导,综合运用伦理学、宗教学等学科方法,确定了宗教伦理的

---

① 简又文:《太平天国典制通考》下册,(香港)简氏猛进书屋1958年版,第1574页。
② 杨明、刘登科:《宗教伦理学研究的意义、现状与展望》,《伦理学研究》2006年第2期。

结构、形态、特征,分析了宗教伦理的内在价值、构成要素及个体宗教伦理意识,积极推动宗教伦理基本理论向系统化方面发展。有的学者将宗教与伦理纳入文化视域中考察,认为二者都是文化的重要组成部分,只是二者所处的地位和作用方式具有差异性。《古代宗教与伦理:儒家思想的根源》①用文化观念去讨论中国文化的根源,用人类学、考古学的研究方法来解释古代中国人的精神世界。《宗教与伦理》②对宗教与伦理关系进行历史逻辑分析,全面阐发宗教伦理的基本内涵,以及文明冲突与宗教伦理、现代宗教的伦理化趋势等问题。有的对宗教伦理的具体领域进行了深入探讨,比如《宗教经济伦理研究》③,在梳理马克斯·韦伯的宗教经济伦理理论的基础上,对犹太教、天主教、基督教新教、儒家、中国道教以及日本宗教中与经济伦理相关的宗教伦理诸观念做了全方位的阐述。

各大宗教伦理思想研究。近些年,佛教伦理、基督教伦理、伊斯兰教伦理、道教伦理等几个领域的研究都取得了明显进展,并形成了鲜明的时代特色。在佛教伦理研究领域,学界推出了一系列成果:有的从佛教教义戒律研究入手,分析佛教伦理的结构层次,探讨其理论基础,并对南传上座部、藏传佛教、天台宗、净土宗的伦理思想进行具体研究;有的挖掘佛教的生态伦理、家庭伦理等方面内容,着眼于佛教伦理的现代转换与当代价值。在基督教伦理研究领域,有的从基督教伦理的特征、内涵、形而上依据等方面展开论述,有的围绕基督教生态伦理、生命伦理、家庭伦理、劳动伦理等方面进行梳理,有的就克尔凯郭尔、史怀泽、哈弗罗斯等人物的伦理思想加强阐述。在伊斯兰教伦理研究领域,中国伊斯兰教协会组织编写了《伊斯兰伦理学简明教程》,系统阐述了伊斯兰教伦理的

---

① 陈来:《古代宗教与伦理:儒家思想的根源》,北京大学出版社 2017 年版。

② 杨明:《宗教与伦理》,译林出版社 2010 年版。

③ 黄云明:《宗教经济伦理研究》,人民出版社 2010 年版。

内涵、范畴、规范、原则、发展历史以及相关分类。还有的研究对伊斯兰教经济伦理、生态伦理、政治伦理、慈善伦理等进行了深入探讨,还展开了与儒家伦理的比较研究。在道教伦理研究领域,既有《中国道教伦理思想史稿》、《汉魏两晋南北朝道教孝道的研究》等思想史的研究成果,也有《道教社会伦理思想之研究》(何立芳著)、《中国道学女性伦理思想研究》(刘玮玮著)、《道教的道德教化研究》(伍成泉著)等论题的研究成果。

中国近代伦理思想相关研究。中国近代伦理思想的发展线索、问题很多,这方面的研究成果也很丰富,主要集中在伦理思想史研究、伦理思想专题研究以及具体人物个案研究等方面。在近代化的过程中,世俗伦理与宗教伦理往往相互关联,像曾国藩、章太炎、梁启超、梁漱溟等历史人物在阐述伦理思想时,大多会论及宗教,甚至会从宗教伦理中寻求资源、借力发力。可以说,中国近代伦理思想研究为中国宗教伦理近代化研究提供了背景支撑。

第二节　概念释义

一、宗教与伦理的界定诠释

宗教与伦理都是在人类发展史上出现的重要文化现象。在形成、发展的过程中,宗教与伦理不仅渗透到文化的器物、制度与行为层面,还相互之间形成依存、交融之势。

第一,宗教的概念界定。从词源学的角度考察,西方表述宗教的religion主要源自拉丁语 religio。拉丁语 religio 在不同历史时期和不同思想家那里亦有不同的含义和表现形式,甚至在同一作者笔下,用法也不尽相同。在古希腊之前,religio 的初始含义运用较为严格和明确。比如,说一种事物对我来说是 religio(宗教性的),即意味着这种事物对我来说是必须亲近或效仿的,或者是只能膜拜而不能亲近、效仿的。到了古罗马时期,人们膜拜实践的一些重要方面甚至比神更为重要与神圣,这时指称各类仪式的 religio 主要是某种信仰或态度的外在表现形式。到了公元一世纪,卢克莱修(Lucretius)的《物性论》和西塞罗(Ciceto)的《论神之本性》对 religio 进行了新的运用和解释。在《物性论》中,卢克莱修主要将 religio 人格化为一种注视着人类的天上存在物,宗教作为一种"伟大的事物"的观念开始出现。西塞罗在《论神之本性》中使用过拉丁文动词 relegere 以及 religere。relegere 意为反复的诵读、默想,引申为在敬神时应不断做到"集中"与"注意",表示人在诸神面前的虔诚与仔细;religere 则意为"小心翼翼"、"认真考虑"和"十分重视",表示人在神灵崇拜上的严肃认真,两个词都表示对神的敬仰和敬畏。在以后的几个世纪里,随着信仰者在教会中发现了新的个人与神性的关系,religio 逐步成为代称人与神之间纽带关系的名词,这种变化集中体现在奥古斯丁(St. Augustine)的运用和论述中。在《论真宗教》和《灵魂的数量》中,奥古斯丁用 religare 表示神与人、神与灵魂之间的重新结合,论述人与神之间的亲密关系;在《订正》和《上帝之城》中他用 re-eligere 表述人在信仰问题上进行重新的选择与决断,以与上帝重归于好。除此之外,religio 当时亦曾被用作一种指称某一主教或其他神职人员的称谓,不过在奥古斯丁以后,这个词就很少使用了,religio 的含义在中世纪也相对稳定。由此可见,religio 在拉丁语中的原意是指人对神圣的信仰、义务和崇拜,以及神人之间的结合、重归于好。① 随着马尔西利奥·费齐诺(Marsilio Ficino)等人文主义思想家以及袖茨温利、加尔文等新教神学家对 religio 进行新的语义挖掘和使用,以前很少使用的 religio 术语和 Christiana religio 短语于 1600 年开始变得常见。在文艺复兴时期和随后的宗教改

---

① 任继愈:《宗教大辞典》,上海辞书出版社 1998 年版,绪论第 1 页。

革运动中,religio 主要被用来指称一种内在的虔诚;在启蒙运动中,思想家们则积极探寻 religio 的终极和内在的有效性。总之,"一种宗教"(a religion)、"多种宗教"(religions)以及"宗教"(religion)等概念,都是十七世纪以来西方观念的产物。

在中国古代典籍中,"宗"与"教"大多作为两个词来运用。《说文》将"宗"解释为"尊祖庙也,从宀从示",而"示,天垂象见吉凶所以示人也。从二……观乎天文以察时变示神事也"。宗即表示对各种神祇以及人类祖先的尊崇与敬拜;"教"则是百姓对神道的信仰,其本意为教育、教化,就如《易经》所言"观天下之神道,而四时不忒,圣人以神道设教,而天下服矣",《礼记·祭义》所说"合鬼与神,教之至也"。一般认为,在中国出现的"宗教"概念源自印度佛教。在佛教理论中,佛陀所说为教,佛之弟子所说为宗,宗为教的分派,合称为宗教,意为佛教的教理。北宋道原在《景德传灯录》中记载:(佛)灭度后,委付迦叶,辗转相乘一人者,此亦盖论当代为宗教主,如土无二王,非得度者唯尔数也。《续传灯录》中"吾住山久,无补宗教,敢以院事累君",宋禅僧圆悟克勤所编《碧岩录》中"大凡扶竖宗教,须是英灵底汉",都将宗教二字连用。统计《四库全书》清代以前文献所见,"宗教"一词有二百余处。其中相当一部分,就是专用名词,指称佛教或者道教。① 伴随着西学东渐,中国学者根据日本学者的翻译,逐步将中文的"宗教"对应西文的 religion,形成了泛指人类各种信仰崇拜现象的广义性宗教概念,"宗教"于十九世纪末也正式作为专门学科术语在中国词汇中出现。

随着宗教学研究的深入,研究者对"宗教"的界定逐步深化并日益多样。从人类发展史看,宗教是一种在人类历史上长期存在的社会意识形

---

① 李申:《宗教论》第一卷,中国社会科学出版社 2006 年版,第 4 页。

态与社会文化现象,宗教的理论体系与社会组织是人类思想文化与社会形态的有机组成部分,并对人类的发展与进步起到重要的反作用。对于这种客观存在的社会形态与文化现象,人们很难下一个简单明确的定义,正如宗教学创始人麦克斯·缪勒所言:"我们看到,每个宗教定义,从其出发不久,都会激起另一个断然否定它的定义。看来,世界上有多少宗教,就会有多少宗教的定义,而坚持不同宗教定义的人们之间的敌意,几乎不亚于信仰不同宗教的人们。"① 英国人类学家詹姆士·弗雷泽也无奈地承认:"世界上大概没有比关于宗教性质这一课题更意见纷纭的了。要给它拟定出一个人人都满意的定义显然是不可能。"② 由于研究视角、取向、方法上的不同,人们对"宗教"的界说差异极大,形成了纷繁复杂的宗教定义。宗教心理学家柳巴(James H. Leuba)在《宗教心理学研究》(1912)的"附录"里,汇总了当时较有影响的宗教定义,其数目达五十个。柳巴的同行布朗(L. B. Brown)在其所著的《宗教信念心理学》(1987)中,用了上百页的篇幅来分析宗教定义问题。③

在一定意义上讲,"宗教"在不同历史时期的不同释义,既表征了宗教现象的不同层面,包含神道或终极实在、教义、体制、行为,也反映了宗教本身日益成熟的进程。这是一个日益系统化的过程,比如佛教的"四谛"、"十二因缘"、"业报轮回"、"三学"、"六度",道教的"承负报应"、"性命双修"、"乐生恶死"、"物我为一"、"五戒"、"十戒",基督教的"爱上帝爱邻人"、"罪一责"、"摩西十诫",伊斯兰教的"信真主安拉"、"两世并重"、"五功"等理论和观念,经历了漫长的形成与完善历程。这也是一个宗教

---

① [英]麦克斯·缪勒:《宗教的起源与发展》,上海人民出版社1989年版,第13页。
② [英]弗雷泽:《金枝》,大众文艺出版社1998年版,第77页。
③ 参见张志刚:《宗教是什么?——关于"宗教概念"的方法论反思》,《北京大学学报(哲学社会科学版)》2006年第4期。

伦理化色彩增强的过程,比如从自然崇拜到人格神崇拜,从《旧约》中的上帝形象到《新约》中的上帝形象,从教理的分析到善书的流行。总之,"宗教"的内涵演变史和概念释义史表明,宗教是指在人类社会的发展过程中产生的,一种以终极实在为信仰对象,通过教义教规和宗教体制来引导和规范信仰思想与宗教行为的历史文化现象。①

第二,伦理的概念界定。在西文中,英文"ethics"源自希腊文"ethos"。据考证,ethos 一词最早出现于《伊利亚特》一书中,本意为一群人共同居住的地方,后引申为人们在共居的过程中所形成的性格、气质与风俗习惯等。受这些风俗习惯的影响与熏陶,人们逐渐形成某些品质或德性。古希腊哲学家亚里士多德指出,"德性分为两类:一类是理智的,一类是伦理的。理智德性大多由教导而生成、培养起来的,所以需要经验和时间。伦理德性则是由风俗习惯沿袭而来,因此把'习惯'一词(ethos)的拼写方法略加改变,就成了'伦理'(ethiks)这个名称",并进而指出,"我们的伦理德性是自然生成的……所以,我们的德性既非出于本性而生成,也非反乎本性而生成,而是自然地接受了它们,通过习惯而达到完满"。② 可见,从词源的角度看,"伦理"这个概念在西文中最初与作

---

① 学界对宗教概念的界定主要有四种:第一种是"四要素说",认为宗教由宗教观念、宗教体验、宗教行为与宗教体制等四种要素构成(参见吕大吉《宗教学通论新编》,中国社会科学出版社 1998 年版,第 79 页),或由终极关怀、终极实在、终极目标与终极承诺等四要素构成(参见傅伟勋《生命的学问》,浙江人民出版社 1996 年版,第 5 页);第二种是"三层面说",认为宗教由教义、教仪、教团等三个层面构成(参见任继愈《宗教大辞典》,上海辞书出版社 1998 年版,绪论第 1—2 页);第三种是"一特征说",认为宗教最基本的特征只有一个,那就是信仰神祇(参见李申《宗教论》第一卷,中国社会科学出版社 2006 年版,第 46—47 页);第四种是"社会文化历史现象说",认为宗教是与对超自然力量的信仰相适应的一种社会文化历史现象(参见龚学增《宗教问题概论》第三版,四川人民出版社 2007 年版,第 3 页)。

② [古希腊]亚里士多德:《尼各马科伦理学》,中国人民大学出版社 2003 年版,第 25 页。

为群居、社会的人相关,随着词形与词义的演化,逐步成为人与他人共居、相处的过程中所形成的某种习惯或品性。

在中国古代文献中,"伦"有两种用法。第一种为"从人从仑",具有"辈"的意思,引申后有群、类、比、序等含义,如"人之有道也,饱食、暖衣,逸居而无教,则近于禽兽。圣人有忧之,使契为司徒,教以人伦:父子有亲,君臣有义,夫妇有别,长幼有序,朋友有信"①。第二种则常与"和"相通,不具有伦理学含义,如"维号斯言,有伦有脊"②。随着历史的发展,"伦"的第一层含义日益凸显,并逐步占据了主导地位。"理"原意为治玉,引申为有分、条理、道理等意思。在中国伦理思想史上,"伦"、"理"连用始见于秦汉之际的《礼记·乐记》:"乐者,通伦理者也。"这里的"伦理",泛指不同的事物与类别的次序、原则和规范。到了西汉,贾谊认为掌管祭祖的祧师应当"以掌国之众庶,四民之序,以礼仪伦理教训人民"③,从而将"伦理"指向人事而非物理,在含义上与"人伦"一词相通。

无论词形还是内涵的变迁都表明,伦理是指在人类发展过程中所产生的,依靠社会舆论、人们的内心信念和传统习惯调节人与人、人与社会、人与自然、人与自身之间关系的原则、规范、规则的总称。

二、宗教伦理的生成逻辑

宗教与伦理之间存在一种共融的亲缘关系。第一,从发生学的角度考察,宗教与伦理在人类产生过程中就存在亲缘关系。人类一经诞生,调整人与人、人与群体之间关系的伦理规范、伦理准则就应运而生。在社会运行的过程中,这些规范、准则以特定的风俗、习惯等形式被固定下来,构成最初的行为规范与社会准则,社会成员将对伦理规范的遵守和

---

① 《孟子·滕文公章句上》。

② 《诗经·小雅》。

③ 《新书·辅佐》。

传承作为基本义务或责任,伦理的积极作用也被人类明确地意识到。从实际效果来看,这些行为规范与社会准则能够为氏族、部落等群体内的成员提供价值引导和约束,能够维持群体内部的稳定与团结,从而为人类群体带来强大的生存能力。为了保障人们对伦理规范的遵守、传承,伦理规范的神圣化、权威化在当时就成为一种必然。其中,有的伦理规范直接成为原始崇拜的仪式,有些模糊不清的伦理规范变得清晰、明确,甚至成为氏族、部落等群体成员必须遵守的律条。至此,在人类早期文明史上,伦理与宗教作为两种特殊的文化现象就相互蕴含、相互交织乃至相互彰显,保持着一种特殊的亲缘关系。第二,从人类的终极追问进行逻辑性考察,宗教信仰是伦理的一个宿主。① 随着人类理性思维能力的发展,人们会对调节人与人、人与社会、人与自然、人与自身之间关系的原则、规范、规则,即"伦理"进行追问,换言之,就是追寻这些原则、规范、规则的终极依据与来源。以此为角度,他们会在信仰中寻找归属,这种信仰既包括对道德的信仰,也包括对宗教的信仰,对伦理终极追问的一个重要向度便是宗教。譬如,德国哲学家康德在力图用人类特有的"实践理性"来构建一种特属于人类学知识范围的普遍伦理学的过程中,就遇到了如何处理伦理与宗教关系的问题。在他的伦理学中,康德设定了唯一的、无条件善的东西——善良意志,这种善良意志不是因为外在的东西而成为善的,而是自在的善。康德极力推崇善良意志的纯洁和高贵,"如果它竭尽自己最大的力量,仍然还是一无所得,所剩下的只是善良意志(当然不是个单纯的愿望,而是用尽了一切力所能及的办法),它仍然如一颗宝石一样,自身就发射着耀目的光芒,自身之内就具有了价值"②。但是作为有限的人类,不仅会受理性的指导,还不时地受到情感

---

① 参见王晓朝:《文化视域中的宗教与道德》,载罗秉祥、万俊人《宗教与道德之关系》,清华大学出版社 2003 年版,第 57 页。

② 〔德〕康德:《道德形而上学原理》,上海人民出版社 2002 年版,第 9 页。

的干扰,这样就既无法保障他们完全自律地把握无限高贵的、无条件的善良意志,也不能保障他们自律地到达伦理世界的最高理想——"目的王国"。为了确保人类价值理想的实现,康德不得不承认并强调宗教(上帝)是人的善良意志、伦理的最终依据和最终力量。① 由此可见,伦理与宗教在逻辑上是有可能会走在一起的。当然,并非所有的伦理都会发展成为宗教。在中国历史上,就存在着以道德代宗教的情况和现象。② 第三,从社会对宗教现实要求的角度考察,宗教发挥其伦理价值与功能是一种必然路径。任何宗教都存在于现实世界中,普遍具有世俗性,这就要求在任何时候都要关注现实,为世俗社会服务,否则必然会丧失其现实存在的合理性与合法性。就此问题,宗教思想家伦佐甚至说:"在世界的宗教中,要成为真正的宗教就是要成为道德的。"③ 譬如,自产生之日起,佛教在吸收其他印度宗教诸如不杀生、布施等伦理观念的基础上,完善和突出其伦理价值,并将人的行为与善恶评判联系起来,指出善业、恶业必然带来善恶不同的报应。传入中土后,佛教开始了中国化的历程,在一定意义上讲,佛教中国化就是一个印度佛教与中国本土伦理冲突、调适、融和并逐步凸显其伦理内涵与价值的过程。在这个过程中,佛教的入世倾向逐步增强,忠孝观念得到倡导,慈悲有情的"菩萨"人格得以确立。早期道教,将解救世俗之人以使其摆脱世俗为目的指向,又将救人与救世结合在一起,推崇以尊道贵德为本、以达乎时变为用的精神,还强调道符法力的大小很大程度上取决于画符、持符人德性的高低。随着世俗化进程的逐步推进,道教不得不变更自身的结构与内涵,寻求适合

① 参见[德]康德:《实践理性批判》,人民出版社 2003 年版,第 170—180 页。
② 参见梁漱溟:《中国文化要义》,学林出版社 1987 年版,第 105—109 页。
③ Joseph Runzo, *Global Philosophy of Religion: A Short Introduction*, Oxford: Oneworld, 2001, p.172.

时代发展的新手段与新形式,以挽救衰败的境况,这种努力突出体现在通俗易懂之劝善书与便于操作之功过格的盛行上。可以说,劝善书与功过格的盛行是道教发挥伦理价值和功能的一个重要体现,也是道教加大社会影响、实现自身发展的重要方式。综上可见,佛教、道教扩大社会影响和发展空间的过程,就是逐步凸显伦理价值和功能的过程,宗教与伦理之间的亲缘关系为宗教伦理的生成提供了逻辑上的路径。

综上可见,宗教伦理是指在宗教形成和发展过程中,为了调整信教者与信教者、信教者与不信教者、人与终极实在以及俗界与圣界之间关系而形成的原则、规范、规则以及德目的总称。① 从层次上来看,宗教伦理可分为两层:一是处理人与终极实在(上帝、真主、梵、佛等)之间关系的规范与德目,比如"爱"的德目与"爱上帝"的诫命;二是处理人与人、人与自然与人与自身之间关系的规范与德目,比如"中正"的德目与"戒杀生、戒偷盗、戒邪淫、戒妄语、戒饮酒"的信条。就宗教伦理而言,第二层次以第一层次为基础,并以第一层次为价值旨归,比如基督教的"爱人如己"的诫命要以"爱上帝"的诫命为基础。当然,这两个层次不是截然分开的,譬如由"爱"的德目可以衍生出"爱上帝"和"爱人如己"两个分属不同层次的诫命,"戒妄语"既包括禁止在人面前妄语,又包括禁止在佛面前妄语。马克思指出,宗教的根源不是在天上,而是在人间,一切宗教都不过是支配着人们日常生活的外部力量在人们头脑中的反映,在这种反映中,人间的力量采取了超人间的力量的形式。从根本上讲,人与终极实在(上帝、真主、梵、佛等)之间的关系,是现实生活中人与人、人与自然与人与自身之间关系的超人间反映,宗教伦理的第二层次为第一层次提

---

① 刘登科:《文化视野中宗教伦理的生成逻辑与现世价值》,《云南社会科学》2008 年第 1 期。

供具体内容和现实依据。

三、文化视域中的近代化

汉语中的"近代化"对应英文中的 modernization。modernization 是一个动态名词,意为 to make modern,即"成为近代的"的意思。在翻译 modernization 时,日本人使用的汉字是"近代化"。借鉴日文的翻译,许多学者把中国社会在近代所发生的变化、革新称为"近代化"。[①]

在中国语境中,"近代化"大致包含三层含义。第一,从经济层面上讲,近代化是指一个从传统农业社会向工业社会转型的历史过程。在中国传统社会中,封建经济异常发达,而随着资本主义生产方式的产生与冲击,手工制作向机器生产的变化迎合了世界历史的发展趋势。在百余年的历史中,经济近代化的进程是不平衡的。一般认为,鸦片战争失败至甲午战争以前,中国近代化的步伐极慢,甲午战争的失败促成了前所未有的民族群体觉醒。甲午战后在政治上掀起维新变革思潮的同时,经济上也出现了以设厂自救、振兴实业发展民族资本主义的爱国热潮,大大加快了近代化的步伐。[②] 第二,从政治层面上讲,近代化是指一个从半殖民地半封建性质的国家向独立的新型政治国家转变的历史过程。西方殖民者的入侵使中国沉沦为半殖民地,又使中国停留在半封建状态,中国既没有走出封建社会、迈入资本主义社会,也没有实现资本主义

[①] 对"近代化"的称谓有不同观点:有的认为这个过程应为"现代化","近代化"概念不适合中国史(罗荣渠:《现代化新论——世界与中国的现代化进程》,北京大学出版社 1993 年版);有的则认为,中国近代史上的现代化过程可称为近代化过程,而且"近代化"更贴近、更符合国内史学研究的实际情况(乔志强、行龙:《中国近代社会史研究中的几个问题》,《史林》1998 年第 3 期)。

[②] 参见戚其章等主编:《甲午战争与近代中国和世界》,人民出版社 1995 年版,第 155 页。

近代化。中国人民为此采取了一系列反帝反封建的抗争，这也成为政治近代化的具体展现。第三，从文化层面上讲，近代化是指一个中国传统价值观念、生活方式、心理态度等方面发生转变的历史过程。作为上层建筑的组成部分，哲学、文学、历史、宗教等，一方面必然随着社会的剧变而发生改变，以适应历史的发展，另一方面则力求领先于时代，以前瞻性引领时代发展。在这百余年的沧桑巨变中，各种文化现象变动不居，经历了复杂的发展过程，这也成为文化层面上的近代化。

本书中所使用的近代化，为文化视域中的近代化。"文化"一词在德文为 Kultur，英文为 Culture，均源自拉丁文 Culture，本义为因敬神而耕作所获得的一切东西，泛指人类物质生产活动所产生的结果。在我国古代，作为动词使用的"文化"主要是指"文德教化"，作名词用的"文化"主要是指文治、教化和礼乐典章制度等。作为一个历史范畴，文化是在特定的历史时期，人类为自身的生存和发展所创造出来的关于人与人、人与社会、人与自然之间关系的各种成果以及创造过程。之所以如此界定，主要基于四点考虑：第一，文化的创造和享用主体是全人类，其他动物行为所产生的后果以及自然力所带来的结果都不能称为文化。第二，文化创造所指向的客体，也就是作为主体的人类所作用的对象，是人与人、人与社会以及人与自然之间的关系。第三，文化创造实践，也就是主客体相结合的过程，是人类为了自身的生存和发展而进行的，具有明确的目的性和价值指向性，任何出于本能的行为后果都与文化无缘。第四，文化概念是一个具体的、历史的范畴，是人类在特定历史时期创造的，任何将某一文化类型永恒化、普遍化的做法都缺乏生命力。从文化的界定来看，宗教、伦理抑或宗教伦理无疑都属于"文化"。在这里，宗教伦理不仅包括宗教伦理的理论形态，还包括宗教伦理的实践形态，如慈善救济、社会服务等。所谓"文化视域"指的是经由二十世纪多学科文化理论的综合研究之后产生、形成的观察问题的文化理论视野、超越单一学科的理论框架和文化系统论的综合方法。① 从文化视域看,宗教伦理研究既超越了宗教学学科的理论框架,也超越了伦理学学科的理论框架,需要运用文化系统论的综合方法。

对于文化近代化的时间起点问题,主要有两种观点。一是视十九世纪中叶为开端的鸦片战争说,二是视明清之际为开端的明清说。第一种观点又有两种情况:一种是以社会性质划分为准则,认为自鸦片战争以后中国进入半封建半殖民地社会形态,凡在这一社会形态中所发生的文化问题都属于近代文化的范畴;再一种是由美国学者费正清提出并为一些中国学者所呼应的"冲击—反应"模式,认为中国社会缺乏突破传统的动力,只有十九世纪以来当中国面临西方经济、军事、政治和文化的强大冲击时,中国社会和文化才被迫作出反应,一步步向近代演进。② 第二种观点也分为两种情况。二十世纪八十年代以来,以肖箑父为代表的一批学者认为明清之际出现的旨在突破封建樊篱的早期民主主义意识,吸取了科学发展的新成果,注重新型的"质测之学",开辟了一代重实际、重实证、重实践的新学风。在他们看来,中国文化的近代化既不是全盘西化,也不是中国传统文化的整体沿袭,而是传统文化的改造和飞跃,是西学与中国传统文化既相冲突又相融汇的复杂历程。这一历程伴随着自然经济解体,大生产兴起,封闭状态逐渐打破,社会革命和变革此起彼伏,这样一种时代的际会风云渐次展开。在这一过程中,中国传统文化表现出它的双重性格:既有阻挠近代化进程的消极面,又有顺应近代化进程的积极面;既有对外来文化顽固拒绝的一面,又有博采异域英华的一面。③ 第二种情况是以社会史的研究为逻辑进路,认为社会的近代化

① 王晓朝:《传统道德向现代道德的转型》,黑龙江人民出版社 2004 年版,第 392 页。
② 参见曾业英:《五十年来的中国近代史研究》,上海书店出版社 2000 年版,第 172 页。
③ 冯天瑜主编:《东方的黎明——中国文化走向近代的历程》,巴蜀书社 1988 年版,第 10 页。

往往以文化的近代化为先导,文化的近代化又必然以社会的近代化为依归。晚明文化启蒙实际上是政治伦理的启蒙,这主要表现在政治思想上对伦理信仰的最高原则——忠君信条的怀疑、动摇与抨击,而且下延到广大民众,蔚为社会思潮。[①] 实际上,伴随着新生产方式和市民阶层的产生,明清之际出现的新思想、新观念已经具有了对封建专制主义和封建蒙昧主义批判的性质,在中国社会内部孕育出新事物,从而为近代化提供思想文化上的准备。但这种文化上的孕育还只是零星细雨,未能主导社会文化的变迁与发展,只有到了鸦片战争之后,在西方经济、军事、政治和文化的强大冲击下,在内力和外力共同作用下,中国近代化进程才真正得以开启。

通过对宗教伦理和近代化的概念释义,可以发现,中国宗教伦理近代化是中国宗教伦理在继承传统宗教伦理的基础上,为摆脱传统宗法伦理束缚和应对近代社会历史剧变而进行的,以比附、融摄、诠释为主要方法,以凸显人的重要性、融摄新伦理观念、唤醒救亡图存意识、增添本土色彩为基本内容的近代转型过程。这个界定至少包含了以下几层含义。

第一,从时间范围来看,是中国宗教伦理于 1840 年至 1949 年百余年间完成。在这段时间里,中国宗教伦理的革新与变迁是一个完整的过程,不间断地经历了近代化的开启、推进和完成,逐步实现了近代转型。

第二,从完成的任务来看,是一个逐步摆脱宗法伦理束缚、凸显救国救世精神和完成本土化、实现近代转型的进程。首先,在宗法社会浸染已久的中国宗教伦理不免带有浓厚的宗法色彩,近代启蒙伦理思潮对其形成了强有力的冲击,中国宗教伦理需要完成的第一个任务是摆脱宗法伦理束缚、吸收新伦理观念,以实现向融摄新伦理观念的近代宗教伦理转向。其次,中国近代社会的历史剧变要求各宗教凸显救国救世精神。

---

① 刘志琴:《中国文化近代化的开启》,《社会学研究》1993 年第 2 期。

清中后期,中国宗教出世色彩浓厚,大多不关心救国救世事业,缺乏救国救世精神,这种状况已不适应时代的要求。中国宗教伦理要完成的第二个任务是凸显救国救世精神,以实现由出世到入世的转变。再次,中国近代社会的历史剧变还要求基督教伦理必须本土化。近代中国的痛苦遭遇和传教士的种种表现,使基督教伦理与殖民主义难以划清界限,使基督教伦理与中国本土伦理的冲突更加激烈。要改变基督教伦理为外来伦理或殖民主义者的伦理的称谓,就需要为基督教伦理增添本土色彩;要想在中华大地上发展、扎根,基督教伦理也要本土化。因此,中国宗教伦理的第三个任务就是本土化,以实现基督教伦理由外来伦理或殖民主义者的伦理向本土伦理的转变。

第三,从基本内容来看,主要包括凸显人的重要性、融摄新伦理观念、唤醒救亡图存意识、增添本土色彩等方面。首先,为应对外在的批评和满足现实社会的需求,宗教诸神逐步道德人格化,神秘色彩日益淡化,人的地位得到提升,神人关系的天平向人这一端倾斜。其次,为摆脱宗法伦理束缚,中国宗教伦理积极融摄自由平等、进化伦理等新观念,祛除或改变与新伦理观念相冲突的观念。再次,为实现由出世到入世的转变,救亡图存意识逐步被唤醒,佛法救国救世论、仙道救国救世论、基督救国救世论得以提出和弘扬,中国宗教伦理的救国救世精神日益突出。最后,为实现由外来伦理或殖民主义者的伦理向本土伦理的转变,基督教伦理的民族特征得以凸显,基督教伦理逐步化解与中国本土伦理特别是性善说、伦常说的矛盾。

第三节　致思理路

开展中国宗教伦理近代化研究,要坚持以习近平新时代中国特色社会主义思想为指导,坚持唯物史观的科学方法论,以科学的态度对待科学、以真理的精神追求真理,以客观准确地把握其历史进程与内在规律。

一、阐述内容

中国宗教伦理近代发展之路,有别于近代之前中国宗教伦理发展之路。本书先通过分析、梳理中国宗教伦理的生成、发展,展现其发展历程、阶段,力图勾勒出近代之前中国宗教伦理的历史图景,从而为中国宗教伦理近代化研究进行具体的历史定位,凸显时代特色。

发展到近代,中国宗教伦理遭遇到种种困境,这成为中国宗教伦理近代化的逻辑起点。从生产力与生产关系、经济基础与上层建筑这两对基本矛盾入手,分析中国宗教伦理遭遇近代困境的原因和根源所在,提出启蒙理性祛魅、救亡救世乏力和本土化色彩淡薄等困境表现,这也是近代化的动力所在。

面对所遭遇的困境,中国宗教伦理开启了艰辛的近代化之路。先从宏观的角度,分析中国宗教伦理近代化的方法、路径、特征和进程。沿着上述的方法、路径、特征和进程,中国宗教伦理在神的道德人格化与人生价值的凸显、新伦理观念的宗教阐释、救国救世伦理精神的彰显、伦理观念本土化道路的渐进等方面做出积极努力,拓展了中国宗教伦理的发展空间。

最后,通过回溯中国宗教伦理的近代化进程,总结经验、分析得失,以史为鉴、启迪当下,努力为引导中国宗教伦理创新性发展、创造性转化,推动社会主义道德建设提供有益借鉴与积极启示。

二、考察对象

中国是个多宗教的国家,宗教徒信奉的既有佛教、道教、基督教、伊斯兰教等宗教,也有支流繁多的其他宗教派别以及民间宗教。基于历史与现实考虑,本书以道教伦理、佛教伦理与基督教伦理为代表,考察中国宗教伦理的近代化进程。

第一,道教是我国本土宗教,道教伦理在中国社会和民众中影响很大。伴随着道教的创设,道教伦理应运而生,并深深地影响着中国人的精神世界、道德评判和伦理行为。从思想史的角度看,儒、道两家可谓同源异流,以不同的文化形态和思想特点传承发展着中华文明传统。① 二者犹如阴阳互补的两极,为迎接、容纳和吸收外来宗教提供了思想文化基础。在一定意义上讲,中国传统文化是儒释道合一的文化,儒释道的合流与互补促进了中国传统文化的发展,正如陈寅恪所说:"故自晋至今,言中国之思想,可以儒释道三教代表之。此虽通俗之谈,然稽之旧史之事实,验以今世之人情,则三教之说,要为不易之论。"② 与此相对应,以儒家伦理为主导,佛教伦理、道教伦理共存互鉴,共同支撑起中国传统伦理的演变格局。

第二,佛教是中国化程度最高的世界宗教,佛教伦理已成为中国传统伦理的重要组成部分。佛教自传入中国后,就开始了其本土化的进程。也正是有了佛教的传入,中华文化的内容更加丰富,底蕴更加厚重,发展更具活力。在中国近代社会,人间佛教被积极倡导,佛教伦理不断进行时代的调适和革新,在社会伦理观念的变迁和道德秩序的重构过程中进行了有益的探索,在中国近代社会产生了一定的积极影响。

第三,基督教在中国近代社会实现了蓬勃发展,基督教伦理在中国宗教伦理近代化进程中发挥了重要作用。经历了前两次的铩羽而归,第三次传入中国的基督教,实现了真正的大发展。甚至可以说,基督教以直接或间接的方式影响中国社会的各个领域,成为影响力最大的宗教之一。在中国近代伦理观念的变迁中,基督教伦理与佛教伦理、道教伦理互融互鉴,共同成为中国宗教伦理的主要组成部分,并发挥了独特的作用。

---

① 洪修平、孙亦平:《儒释道三教关系视域下的东方哲学与宗教》,《哲学动态》2019 年第 8 期。

② 陈寅恪:《金明馆丛稿二编》,生活·读书·新知三联书店 2001 年版,第 283 页。

第四,伊斯兰教伦理与其他宗教伦理的交涉、融合相对较少。伊斯兰教伦理具有悠久的历史,具有完整的人生价值观、神学伦理观、德性德目观与社会伦理观。自唐永徽二年(651)传入中国以来,伊斯兰教伦理开辟了一条独特的发展之路。在近代,与儒佛道相互滋养相比,伊斯兰教伦理参与较少,在理论上相当独立。甚至有学者认为伊斯兰教传到中国有十个世纪之久,"可是到现在它在中国土地上都还是一个外来宗教"[1]。在一定意义上讲,在中国宗教伦理的近代化进程中,伊斯兰教伦理的代表性不够突出。

第五,民间宗教的伦理观念大多来自儒释道三家,思想原创性较少。民间宗教是指流行于社会中下层、未经当局认可的多种宗教的统称。这类宗教大多秘密流传,有的研究者称其为秘密宗教、民间秘密宗教或民间秘密宗教结社。这些民间宗教与正统宗教有着千丝万缕的联系,并形成了民间宗教教义思想的载体——宝卷。民间宗教的伦理思想,大多来自儒释道三家,相对缺乏系统性,不宜将其作为考察对象。

三、研究方法

方法,是从研究客体运动规律性出发,在实践上和理论上掌握现实的形式,是改造实践活动或认识理论活动的调节原则体系。[2]只有运用科学方法、选择合理路径,理论研究才能取得预期效果、更具现实价值。

一是坚持历史与逻辑相一致。历史与逻辑相统一的研究方法,是唯物史观在方法论上的具体表现,是人文科学研究应贯彻的基本方法。伦理学家阿拉斯代尔·麦金太尔(Alasdair Macintyre)认为,伦理学研究需要运用历史性叙述的方法。在这种叙述中,如果没有前面的一部分,后

---

[1]　参见陈荣捷:《现代中国的宗教趋势》,(台湾)文殊出版社1988年版,第237页。

[2]　[苏]阿尔汉格尔斯基主编:《伦理学研究方法论》,中国广播电视出版社1992年版,第1页。

面的一部分就无法理解,而且只有明白后继的东西是已逝去的东西的一种可能的继续,才能理解以前的东西。① 中国宗教伦理近代化不是一个脱离了具体历史背景的抽象范畴,而与当时的社会现实生活存在内在相关性,是一个纷繁复杂的、具有丰富内涵的具体历史进程,只有把握其历史发展的脉络,掌握社会根源和思想根源,才能准确描绘出这种近代转变。同时,中国宗教伦理近代化也不是一个杂乱无章的进程,而是一个具有客观演化逻辑和内在演进规律的进程,需要通过梳理具体宗教伦理观念在近代的具体展开,抽象概括出异质宗教伦理冲突的焦点所在,展现时代精神与时代主题在中国宗教伦理上的生动反映,从而为世俗伦理遮蔽下的近代宗教伦理做一个立体式的勾画。

二是坚持思想史与社会史相结合。从一定意义上讲,中国宗教伦理近代化研究属于思想史层面的研究。"思想"的历史讨论的是人类思考问题的历史,用一句简单的话说,就是讨论古往今来人们想什么,怎么想。历史是追溯过去,寻找人类的良心与尊严,发现自己的传统和溯源的一门学问。② 了解、书写思想史的一个基本依靠是文献资料,它们的形成有特定的社会环境、时代背景,离开特定的社会环境、时代背景来钻研史料、诠释思想容易导致研究者以主观想象代替思想原貌。正如马克思所言:"历史从哪里开始,思想进程也应当从哪里开始,而思想进程的进一步发展不过是历史过程在抽象的、理论上前后一贯的形式上的反映;这种反映是经过修正的,然而是按照现实的历史的过程本身的规律修正的,这时,每一个要素可以在它完全成熟而具有典范形式的发展点上加以考察。"③开展中国宗教伦理近代化研究,需要将其置于整个中国

① [美]麦金太尔:《伦理学简史》,商务印书馆2003年版,第135页。
② 葛兆光:《中国思想史 第一卷 七世纪前中国的知识、思想与信仰世界》,复旦大学出版社1998年版,第2页。
③ 《马克思恩格斯全集》第十三卷,人民出版社1962年版,第532—533页。

近代社会的变迁史、发展史中考察,将中国宗教伦理近代化研究与中国近代社会史研究相结合,以更加客观真实地反映当时的历史情境。

三是坚持理论与实际相统一。理论联系实际是中国共产党的三大作风之一,是唯物主义思想路线的具体体现。理论研究不是简单的书斋中的学问,需要归之于实践、用于指导实践。只有站在马克思主义的基本立场、观点和方法的高度,分析和研究中国宗教伦理近代化进程的实际境况,把握当前宗教伦理领域存在的现实症结,我们才能抓住问题的实质,才能更好地从历史中汲取营养,把握主要矛盾,找到解决方法,为有效地解决实际问题提供启示和借鉴。另外,许多问题、现象的研究往往超出某一学科的研究范围,中国宗教伦理近代化研究需要综合运用宗教学、伦理学、历史学、文献学、人类学等多学科的研究方法。

第一章　回溯历史流变

中国宗教伦理经历漫长的发展历程,呈现出自身的演进特点,并在中国传统社会中发挥了独特作用,也成为中国宗教伦理近代化的重要源流。

第一节　萌生与丰富

从中国上古社会一直到汉代社会,中国人的宗教信仰谱系纷繁复杂,形态万千的神灵变化不断,发展中的中国宗教还不成熟。麦克斯·缪勒认为,中国的原始宗教是信仰独特的神灵,信仰最突出的自然力。这些神灵包括"天神、太阳神、月神、星辰神、地神、山神、河神等,还有鬼魂信仰"[1],"这些神并肩而立,互不干涉,也没有什么较高的原则使之相连"[2]。自产生之日起,中国宗教就与伦理观念结合在一起,宗教与伦理之间形成一种共融的亲缘关系。但宗教的主要角色并不是道德理想的源泉,而是借助神秘力量降妖除魔、治病疗伤、逢旱降雨,保佑征战胜利和逢凶化吉。因此,此时中国宗教伦理的形式还相对简单,内容也非常质朴。

---

[1]　[英]麦克斯·缪勒:《宗教学导论》,上海人民出版社1989年版,第86页。
[2]　[英]麦克斯·缪勒:《宗教学导论》,上海人民出版社1989年版,第65页。

一、上古时期的宗教伦理

原始宗教一经产生就萌生出独特的伦理内涵与价值。从远古氏族制度的诞生至约四千年前的夏代,古史称之为"三皇五帝"时代,人类的生产力水平极其低下,知识非常贫乏,很难对风雨、雷电、做梦、生老病死等现象做出科学的解释,对变化莫测、纷繁复杂的外部世界会产生恐惧、惊惶以及各种神秘体验,认为存在主宰或影响人类生活的超自然力量。他们将自然物、自然力人格化、神圣化,并力图通过祭祀、祈祷等方式达到消灾降福的目的,原始宗教正是在这个过程中产生。有学者认为,原始宗教——一种本土宗教体系,在商、周和西汉时期得到了发展和成熟,并在没有外界影响的相对封闭的情况下形成体系——包括四个关键部分:祖先崇拜、对天及其自然神的崇拜、占卜和祭祀。[①] 从中国宗教史与文化史的角度考察,原始时期的宗教与文化浑然一体,包罗万象的原始宗教孕育着政治、伦理、哲学、艺术、文学等,只是这些文化形态都尚未实现独立发展。

原始宗教中的信仰文化与中国传统伦理交织在一起,共同维系着社会伦理秩序。天道信仰、祖先崇拜、神话传说等信仰文化起到一定的维系作用,人们心目中的"天"能够制约人世间和宇宙的一切,祖先崇拜、灵魂信仰已融入人们对去世先辈的"追孝"态度和方式中,巫觋、星占、祭祀在天子出征、百姓婚丧嫁娶中发挥着"神道设教"的作用。信仰文化已具有的伦理功能和价值,比如祖先崇拜成为维系血亲关系的重要机制。根据《尚书·大传》记载,大尧考察诸侯时,"山川神祇有不举者为不敬,不敬者削以地。宗庙有不顺者为不孝,不孝者黜其爵"。大尧通过敬神尊祖等行为,强化了氏族社会的血缘关系,维护了孝道,使大尧能够"克明

---

① 〔美〕杨庆堃:《中国社会中的宗教》,上海人民出版社 2007 年版,第 109—110 页。

俊德,以亲九族。九族既睦,平章百姓。百姓昭明,协和万邦,黎民于变时雍"①。

上古时期的宗教伦理呈现出较为显著的时代特色。一是产生的自发性,此时的宗教伦理是先民在日常生活中创造出来的,很多观念尚处于萌芽状态和蒙昧状态。二是适用范围的氏族性和区域性,是氏族全体成员共同信仰和共同遵守的,但不能超出氏族及所管理的区域,这时的宗教伦理形态多样,不具有普世性。三是指向上的功利性。人们尊奉宗教伦理的目的,主要不是为了自身德性的提升,也不是为了个人的精神解脱,而是试图从各种神灵那里寻求帮助,以解决实际生活生产中所遇到的灾祸、疾病,达到消灾避祸、治病驱邪、五谷丰登、人丁兴旺与社会安宁等目的。随着人类认识能力提升和社会进步,上古时代宗教伦理的简单简朴的缺陷逐步被弥补,宗教伦理得到了进一步的发展。

二、三代时期的宗教伦理

三代时期的宗教伦理资源日渐丰富。随着私有制、阶级的出现以及夏商周的建立,宗教在强化政权的伦理政治秩序的同时,其自身的伦理内涵日益丰富,伦理功能逐步强化。

上古时代宗教伦理中的祖先崇拜与灵魂崇拜在夏代得到了继承。孔子在描述大禹平时恶衣恶食却花冠美服地参见祭祖活动时,流露出赞赏之意:"禹,吾无间然矣。菲饮食,而致孝乎鬼神;恶衣服,而致美乎黻冕;卑宫室,而尽力乎沟洫。"②祖先崇拜与灵魂崇拜已具有明显的伦理功能,所以孔子十分赞赏。在中国历史上的大多数时期,宗教一直支持政府,这种支持往往通过赋予统治群体以超自然意义上的合法性和强化

---

① 《尚书·尧典》。
② 《论语·泰伯》。

那些有助于维持伦理政治秩序的传统价值来实现。① 在继承祖先崇拜与灵魂崇拜的过程中，夏王朝使其拥有丰厚的伦理意蕴和伦理价值，以维持和巩固自身统治。

商代不断完善的宗庙祭祀制度为孝亲观念的形成奠定了基础。在殷人看来，祖先崇拜不仅是维系种族内部团结的需要，也是敬拜上帝活动的必要环节，祭祀祖先成为商代宗教活动中最为重要的内容。此时祭祀的隆重，既表现在殷人祭祖方法的多样上，还表现在祭祀内容的丰富上。譬如，为了显示祭祀活动的隆重，殷人祭祀祖先所用的牺牲不仅包括牛、马、羊、鸡、犬、豕等牲畜，还包括奴隶、战俘、随从等。在河南省安阳市西北冈殷王大墓区发现了 191 座葬坑，一般每坑有十几具人的尸骨，殷王墓穴内杀殉的情况更为惊人，一次多达数百人。上述祭祀活动，反映了商代宗教伦理已经孕育着中国传统伦理中的孝亲观念，也反映出商代宗教伦理中的野蛮因素和蒙昧成分。

周代的宗教与宗法政治伦理紧密结合。② 在周代，宗教模式、政治模式与宗教模式是同构的。一是周天子垄断祭天的权力，表示他是天神在人间的唯一全权代表，代表天神管理人间事务。二是不同阶层有不同的祭祀对象与规格。《礼记·王制》规定：天子祭天地，诸侯祭社稷，大夫祭五祀；天子祭天下名山大川，五岳视三公，四渎视诸侯；诸侯祭名山大川之在其他者。通过上述规定，祭祀者的祭祀范围和规格就与其社会地位、政治权力取得一致，宗教的政治伦理功能得到凸显。三是建立明堂，将宗教祭祀与政令、月令颁布与率范教化结合起来。始于周代的明堂，具有祭祖、赏功、敬老、显学、选士、颁布历法等功用。周天子在明堂上处

---

① ［美］杨庆堃：《中国社会中的宗教》，上海人民出版社 2007 年版，第 108 页。

② 参见吕大吉、牟钟鉴：《中国宗教与中国文化》（卷一）《概说中国宗教与传统文化》，中国社会科学出版社 2005 年版，第 128—129 页。

理政务,自然能够唤起人们协同一致的族群意识,增强政治运作的崇高性与庄严性,从而便于政治号令的畅通和政治举措的推行。四是以德配天、以民知神,把宗教与伦理、神道与民本结合起来。为了论证君权的合理性与合法性,周代宗教继承了"王权神授"思想,周公对百官讲道,文王崇尚德教,慎用刑罚,任用当用之人,敬重当敬之人,惩罚当罚之人,文王的德行被上天知道,"天乃大命文王殪戎殷,诞受厥命"①。在宣扬"天命不僭"的同时,周公也清醒地指出"惟命不于常",统治者只有拥有高尚的美德,体恤百姓、善于教化,上天才能保佑他们,认为"天不可信,我道惟宁王德延,天不庸释于文王受命"②。"天命不僭"和"天命靡常"成了周公内心的深刻矛盾,于是他提出了"以德配天"的思想。周代宗教思想逐步理性化,周人的至上观念——"天"逐步由一个喜怒无常的人格神转变为一个具有"伦理位格"的能够调控世界的理性实在。西周人在宗教观念上的敬天,在伦理观念上延伸为敬德;西周人在宗教观念上的敬祖,在伦理观念上则延伸为宗孝。以孝道而言,周人对殷人宗教意识中的孝道观念不只是继承,而且有改造和发挥,赋予了这一宗教思想以伦理的内涵,并将其发展成为一种伦理政治学说。③ 在这种思想的指导下,统治者不能再单纯地依靠天命与祖传,还必须照顾下层民众的利益,周代的神道在赋予周天子以统治天下的权力的同时,也赋予他"敬德保民"的道德责任,周代宗教伦理为世俗的宗法伦理披上了一层神圣的外衣。

三、春秋至汉时期的宗教伦理

春秋到汉代是中国宗教从非伦理型宗教向伦理型宗教转型的时期。在春秋之前,大量神秘的巫术力量和不可控制的因素在宗教中占据支配

---

① 《尚书·康诰》。
② 《尚书·君奭》。
③ 王长坤:《先秦儒家孝道研究》,巴蜀书社 2007 年版,第 100 页。

地位,此时的宗教在要求人们必须回避或禁止做某些事情时,往往是消极性的,与伦理关涉较少或对人们的伦理世界影响较小。到了春秋时期,礼崩乐坏、王室式微、五霸迭兴,支撑王权的神学权威发生动摇,人们开始用理性的态度去理解、怀疑乃至责备天命。《诗经·节南山》认为,"昊天不惠,降此大戾";"不吊昊天,乱靡有定";"昊天不平,我王不宁"。根据《左传僖公十六年》记载,周内史叔兴解释当时出现的陨石和六鹢退飞现象为阴阳之事,非吉凶所生,吉凶由人。这时的宗教逐步摆脱各种神秘的、巫术的力量,从而使宗教伦理与世俗生活更加紧密地结合起来,人为的可控制的因素得到凸显。

转型的第一个表现是,占卜在世俗事务中的地位下降,理性与伦理的因素得到提升,鬼神观念不断渗入伦理因素。在春秋时期,不少神启预言家及其占卜活动受到不同程度的抵制,即使在天学星占的领域内部,自然主义力量也在不断增强,人们对神灵的信仰与崇拜日益衰落,知识分子、士大夫对世俗社会与现实政治的关注远远超过对神界的关注。在崇拜的神灵内部,占主导地位的已是被神灵化的诸神,而不是自然神。伦理因素潜移默化地影响和透入宗教内部,宗教内部的构成要素逐步发展变化,伦理型的宗教开始出现。

转型的第二个表现是,宗法伦理在宗教伦理中的地位日益凸显。在一定意义上讲,从西周到春秋的社会就是宗法制社会。这里所说的"宗法制社会"是一个描述性的概念,是指以亲属关系为结构、以亲属关系的原理和准则调节社会的一种社会类型。在这种社会中,一切社会关系都家族化了,宗法关系即是政治关系,政治关系即是宗法关系。故政治关系以及其他社会关系,都依照宗法的亲属关系来规范和调节。[①] 此时的

---

① 陈来:《古代思想文化的世界——春秋时代的宗教、伦理与社会思想》,生活·读书·新知三联书店 2002 年版,第 3 页。

宗教活动无不增添了家族的色彩，为家族兴旺进行伦理论证的资源日渐丰厚，宗法伦理逐步在宗教伦理诸内涵中取得支配地位。

转型的第三个表现是，诸子伦理直接影响宗教伦理，宗教伦理也大量吸收诸子伦理的内容。大放异彩的诸子伦理与宗教仍息息相关，大多有宗教意蕴或宗教取向。首先，儒家伦理中的慎独思想具有显著的宗教取向。《中庸》曰："天命之谓性，率性之谓道，修道之谓教。道也者，不可须臾离也，可离非道也。是故君子戒慎乎其所不睹，恐惧乎其所不闻。莫见乎隐，莫显乎微，故君子慎其独也。"①坚持慎独的修身方法，从本质上说就是要求人们用信仰的手段来把握生活乃至超越生活的一切，自然就具有了宗教的意蕴与功能。其次，墨家伦理强调"神道设教"的积极价值。在墨家伦理看来，要实现其所倡导的"兼相爱、交相利"的理想目标就必须"神道设教"。墨子认为"天"无所不在，能够制约人伦生活，引领人们行为的善恶取向，如果人得罪于天，那么他就无处可逃，必定会受到惩处，只有强有力的神道设教，天下才能实现太平。可见，墨子的论述凸显了宗教的伦理价值，墨家伦理的"神道设教"思想在道德威慑与道德教化中具有积极作用。再次，道家伦理具有明显的宗教意蕴，并成为道教伦理得以产生的主要理论来源。在道家看来，"人生天地之间，若白驹之过隙，忽然而已。注然勃然，莫不出焉；油然漻然，莫不入焉。已化而生，又化而死。生物哀之，人类悲之"②。先秦道家伦理思想以"全身养生"、超越世俗世界为归宿，"无所待"的"神人"、"真人"成为道家伦理的理想人格。

在一统天下后，秦王朝为了论证其代周而统治全国的合理性，将邹衍的五德始终说引入官方信仰。这个五德始终说，既不同于周公的"以

---

① 《中庸章句》。
② 《庄子·知北游》。

德辅天"思想,也不同于君权神授,而是倡导一种神秘主义的时运或气数,表现为五行之间的相生相克。但总体而言,秦王朝注重刑政法治,宗教观念相对淡薄,宗教伦理基本延续前代。到了西汉,统一帝国得以建立并趋于稳定,面对春秋以来礼崩乐坏的局面,统治阶级为巩固政权、维持社会秩序,便加大宗教神学、神仙方术的宣扬,伦理纲常逐步神圣化,各种伦理学说也逐步神学化,宗教伦理思想逐步走向成熟。

第二节 走向体系化

从两汉之际至隋唐再至宋,中国宗教伦理逐步体系化、系统化。在这段时间里,道教兴起、佛教传入[1],并逐步站稳脚跟,原始宗教的主导地位被以道教与佛教为代表的制度性宗教[2]所取代,道教伦理与佛教伦理成为此时宗教伦理的主流。

一、两汉至南北朝时期的宗教伦理

两汉之际的信仰和伦理危机是道教伦理和佛教伦理嬗变的条件和动力。秦末以来特别是到了汉末,动荡混乱的政治局面,弱肉强食的社会现实,广大百姓流离失所、贫寒交加的社会现状,使天道信仰、祖先崇拜、鬼神信仰、神话传说等信仰文化的作用不断弱化。思想界的道德怀疑论倾向在深化和演进,人们越发怀疑传统伦理思想,质疑传统道德观

---

[1] 公元七世纪,基督教聂斯托利派传入中国,史称景教。景教一度在唐朝发展较好,出现了"法流十道,寺满百城"的境况,但武宗会昌五年(845 年)灭法,景教受到波及,此后销声匿迹。伊斯兰教于唐永徽二年(651)传入中国,从七世纪到十五世纪伊斯兰教在中国教义不明、教名未定,不见典籍及著作,亦无汉文译著,是个侨民的宗教。

[2] 杨庆堃在《中国社会中的宗教》中称其为制度性宗教,而马西沙、韩秉方则称之为正统宗教(参见马西沙、韩秉方:《中国民间宗教史》上册,中国社会科学出版社 2004 年版,序言)。

念,使社会道德体系处于危机之中。道教经典《太平经》详细描述了当时的社会时症:"今天地阴阳,内独尽失其所,故病害万物。帝王其治不和,水旱无常,盗贼数起,反更急其刑罚,或增之重益纷纷,连结不解。民皆上呼天,县官治乖乱,失节无常,万物失伤,上感动苍天,三光勃乱多变,列星乱行,故与至道可以救之者也。"①统治者本身对社会伦理的各个方面也深刻怀疑,如汉武、成帝的"策问"活动,也加速了当时社会的信仰和伦理危机。经历时代精神的洗礼和社会发展的扬弃,一种对先秦理性思想反动的文化思潮在后汉社会生活中涌动,而这些涌动的新文化思潮最终推动了道教伦理的产生,也为佛教的传入、传播与发展提供了适宜的土壤。

通过对多种伦理资源的融摄,道教的基本伦理观念在这一时期初步形成,并表现出明显的时代特征。

第一,追求即身成仙、重视"外丹"炼养的操作方式形成。在道教看来,修身是信仰者得道成仙的必由之路,有生命的人是道之根柄,生命是得道的前提与基础。以生命为基点,"从生得道,从道得仙,从仙得真,从真得为上清"②。早期道经《老子想尔注》,便把老子《道德经》第二十五章"道大,天大,地大,王亦大。域中有四大,而王居其一焉"句中的"王"字代以"生"字,这就使得《老子想尔注》中的老子言与注文都充分体现出道教重生的精神。③ 在这里,"生"是"道之别体",是指肉体生命的不死状态,也是生命存在"死而不亡"的永恒状态。那如何修道才能达到神仙境界、实现生命的长生呢?自汉魏以来,许多信仰者穷毕生精力寻求仙丹以实现长生不死的理想,"外丹"炼养的实践日益兴盛,"外丹"炼养操作的理论日益繁荣。继承并发展了古代神仙家的服食炼养术,《太平经》

---

① 王明:《太平经合校》,中华书局 1960 年版,第 23 页。

② 《三洞珠囊》卷七引《大洞经》。

③ 饶宗颐:《老子想尔注校证》,上海古籍出版社 1991 年版,第 32—33 页。

援引《灵书紫文》经,列举了二十四种以服食求成仙的生命炼养方法:"一者真记谛,冥谙忆;二者仙忌详存无忘;三者采飞根,吞日精;四者服开明灵符……二十二者食竹笋;二十三者食鸿脯;二十四者佩神符。"[1]以葛洪为代表的道教丹鼎派,则从五谷外在于人、人食五谷就能生存的现象出发,推衍出人若能服食上品之神药必将成仙不死的观念。《抱朴子内篇》"金丹篇"论述了"九丹"的名称、服法与神效,认为只要服食一丹便可升仙,若服九丹就能出入无间,不再受鬼神、疾病的伤害。秉持这种思想,汉魏两晋南北朝的道教信仰者,以近乎痴迷的态度进行还炼金丹的实践,赋予仙丹以超自然的神力,形成了相当系统的外丹学说。在实践中,许多服丹者却中毒而死,这为外丹学说的衰微与内丹学说的兴起埋下了伏笔。

第二,遁世与顺世、救人与救世矛盾统一的社会伦理观念形成。道教在吸收道家"无为"思想的同时,克服了道家逃脱世俗生活的做法;在吸收儒家纲常伦理的同时,克服了儒家宗教信仰的淡薄,实现了遁世与顺世、修"仙道"与修"人道"的统一。"宁洁身以守滞,耻胁肩以苟合。乐饥陋巷,以励高尚之节;藏器全真,以待天年之尽。非时不出,非礼不动,结褐嚼蔬,而不悒悒也;黄发终否,而不恨恨也"[2],形象描绘出道教崇尚清静无为、避世养生的遁世精神。然而,道教信仰者是具有社会属性的人,不能逃脱现实社会而独立存在。在试图以"遁"的途径逃避世俗桎梏的同时,身处世俗的道教信仰者在现实生活中还必须负各种社会道德责任,必须以多做善事、积德立功来换取玄门仙国的"入门券",正如葛洪指出的:"何谓其然乎……'率土之滨,莫匪王臣'可知也。在朝者陈力以秉庶事,山林者修德以厉贪浊,殊途同归,俱人臣也。王者无外,天下为家,

---

① 王明:《太平经合校》,中华书局 1960 年版,第 8 页。

② 杨明照:《抱朴子外篇校笺》上册,中华书局 1991 年版,第 497 页。

日月所照,雨露所及,皆其境也。"[①]与此同时,道教以解救世俗之人得道成仙为目的指向,并将自我修养同个人生死乃至家国命运紧密联系在一起。当然,道教信仰者如果尽力尽责地济世而未能成功,完全可以退而保身,道教伦理内含一种不能济世则退而保身的达变精神。

第三,具有明显宗教伦理意蕴的斋戒、道符、法服等通神形式得以确立。首先,道教的斋戒具有明显的宗教伦理意蕴。道教认为:斋戒者,为降伏身心之法。不受戒,习气不能移,大体不能养,元气不能复。元气不复,命必不能立。心不定元神不归,真性不能见。故大道无不以见性为体,养命为用。[②] 通过持戒,信仰者能涤除心中不纯洁的思想意识,获得神之佑的神秘感受,而这种状态或效果则能起到坚振道德信念的效果。其次,道符法力的大小很大程度上取决于画符、持符人德行的高低,就使道符拥有了伦理价值。在道教理论中,"符"是人神沟通的媒介,具有非凡的法力,《无上秘要》描绘道:"诸行道求仙、思神存真、谢罪解过,上希大帝大圣尊神原赦宿罪之恩,当以秋分之日,白笔书文,西北向服之六枚,则众神削除罪名,注算玉简,司命度生,保命神仙。修行八年,勿失一节,太帝给玉女十二人,通真致灵,神人下降,所愿皆成,致六景之舆,飞升上清太微宫。"[③]不过,道符有制约因素,那就是画符人、持符人道德品质的优劣,道符已成为道德信仰的象征符号。再次,法服是道教伦理价值观的外在彰显与集中体现。在道教看来,法服是信仰者通神的凭借,是信徒内部伦理秩序和仙品等级的外在标识,也是信仰者从"凡身"转化为"受道之身"的依赖形式,具有不可忽视的伦理功能。

佛教伦理的传入,为源远流长、博大精深的中国本土伦理注入了新

---

① 杨明照:《抱朴子外篇校笺》上册,中华书局1991年版,第100—101页。
② 钟肇鹏主编:《道教小辞典》,上海辞书出版社2001年版,第224页。
③ 《无上秘要》卷九十一,《道藏要籍选刊》第十册,上海古籍出版社1989年版,第258页。

的内容和活力。作为一种异质文化,印度佛教伦理与中国本土伦理尤其是儒家伦理的冲突也在所难免。① 首先是人生态度的冲突。在人生观上,佛教从无常、无我的基本教义出发,认为人生是苦的,只有放弃世俗生活,出家修行,灭尽贪、瞋、痴,才能摆脱种种痛苦,主张放弃世俗生活,追求轮回解脱。与之相对,"自强不息"、"制天命而用之"的文化精神,体现了中国本土伦理文化豁达乐观、积极进取的人生态度。其次是政治伦理和家庭伦理的冲突。中国传统社会是一个以血缘为纽带的宗法制社会,强调修身、齐家、治国、平天下的统一,重视家庭伦理纲常,而佛教伦理则主张沙门不敬王者,倡导弃家削发,这与中国本土伦理中的"忠孝"伦理观直接冲突。② 再次是道德理想的冲突。在儒家伦理看来,圣贤是道德完人,如《孟子·离娄上》指出的"圣人,人伦之至也",同时道德修行的目标、人生的崇高理想,也是成为像尧舜禹、文武周公那样的道德楷模。佛教伦理文化所向往的寂静永恒的涅槃境界,与中国本土伦理所推崇的"圣贤"人格直接冲突。

对上述冲突的调适与逐步解决,使佛教伦理得以在中土扎根与发展。在人生态度上,入世倾向的增强,调适并逐步化解了佛教伦理与积

---

① 杨明、刘登科:《中国佛教伦理文化与当代和谐社会建设》,《道德与文明》2006 年第 6 期。

② 有资料显示,印度佛教已有孝的观念,或者至少出现孝观念的萌芽。1979 年东京出版的印度佛教铭文材料,记录了印度佛教徒为祭祀父母而进行布施等宗教实践活动。在萨纳斯(Sarnath)和 Ajata 地区有相当大数目的铭文,或早于中国龙门石刻,或与龙门石刻属于同一个时期。布施者经常提及宗教布施的原因,部分或全部是为了给父母带来好处。萧本(Gregory Schopen)指出,印度的象形文字材料证实,印度佛教徒为父母(无论是去世的还是活着的)进行宗教活动,是他们最经常引用的理由,也是布施的一个重要内容。(Gregory Schopen,"Filial Piety and the Monk in the Practice of Indian Buddhism: A Question Of 'Sinicization' Viewed from the Other Side," *Bones*, *Stones*, *and Buddhist Monks*, Ann Arbor, Michigan: University of Michigan, 1997, pp.60-64.)

极入世的儒家伦理之间的矛盾。中国的佛教徒常以释迦牟尼舍身饲虎、割肉喂鹰为例,以佛陀所说的"我不入地狱,谁入地狱? 不惟入地狱,且常住地狱,不惟常住地狱,而且庄严地狱",以及地藏王菩萨所说"地狱未空,誓不成佛,众生度尽,方证菩提"等说法为根据,提出一整套出世即入世的理论,诸如"一切世间产业,皆是诸法实相","佛法在世间,不离世间觉"等。[①] 佛教有时甚至不惜改变自己来迎合中土伦理,以争取王公贵族的支持和民众的接受。在政治伦理和家庭伦理方面,对王法的尊重和"大孝"的提出,调适并逐步化解了佛教伦理与以"忠孝"著称的儒家伦理的矛盾。"其为人也孝弟,而好犯上者,鲜矣;不好犯上,而好作乱者,未之有也"[②],即孝乃人生之要、忠为立世之本的伦理观念,在佛法东传之前已在中土根深蒂固,佛教信徒也逐步认识到"不依国主,则法事难立"[③],逐步改变他们的论调,东晋慧远就认为佛法能在更高层次上守持忠孝,与儒家伦理殊途同归。在理想对象上,慈悲有情的"菩萨"人格的确立,调适并逐步化解了佛教与以"圣人"为理想人格的儒家之间的矛盾。面对儒家对其谈"空"、谈"无"的指责,佛教学者依据佛教的慈悲精神,培育以实践"菩萨行"的理想化的人格形象即"菩萨",来替代佛陀下化众生。"菩萨"即"有情"与"觉悟",意思为觉悟了的众生,而"菩萨"人格则具有了"上求菩提,下化众生"的人格特征。以大悲观音、大愿地藏、大智文殊、大行普贤等为代表的中土大乘菩萨的入世风格,与儒家的济世理想积极配合,更加丰富了中土的人生观念和生活理想。[④] 通过调适与中国本土伦理的矛盾,中国佛教伦理特别是大乘佛教伦理基本形成,大乘佛教伦理的形成则进一步促使佛教在魏晋时期初具规模,到南北朝时期趋于繁兴。

---

① 赖永海:《佛道诗禅——中国佛教文化论》,中国青年出版社 1990 年版,第 124 页。

② 《论语·学而》。

③ 《高僧传》卷五《释道安传》,《大正藏》第五十卷,第 352 页上。

④ 王月清:《中国佛教伦理研究》,南京大学出版社 1999 年版,第 158 页。

二、隋唐至宋时期的宗教伦理

在隋唐较为开放的文化政策与包容的宗教政策的影响下,儒佛道三方相互吸收、相互融合,形成三足鼎立之势。借助这种有利的外部条件,道教、佛教既互相论争又相互融摄,道教伦理、佛教伦理也得到充实与完善,逐步体系化、系统化。在五代至宋这段时期,以道教伦理、佛教伦理为代表的宗教伦理在相互冲突、攻讦、互摄的同时,继续推进其体系化的进程。

道教是中国土生土长的宗教,有一套为广大百姓接受的伦理观念与修行方法。自开创以来,道教吸收了不少儒家忠君孝亲的伦理观念。到隋唐时,更是充实了儒家名教的内容,提出"礼义,成德之妙训;忠孝,立身之行本",并逐步走向体系化,主要表现在三个方面。

第一,肉体永驻与灵魂超越成为信仰者对生命的追求,向外求索与向内求证成为信仰者的修行方式。道教产生之后特别是葛洪宣扬以服食金丹换取肉体飞升之后,信徒烧炼外丹、追求肉体飞仙的做法代代相传。但是,不少人特别是一些皇帝、大臣因为服食金丹大药而中毒暴死,引起强烈的社会反响,以至道教信仰者唐太宗李世民后来也不得不承认:"神仙事本虚妄,空有其名。"[1]思想逻辑上固有的缺陷也使早期道教的生命价值观潜伏深刻的危机。隋唐时期,道教往往在佛道的辩难中惨遭败绩,尴尬的道教学者试图革新学说,努力弥补早期道教伦理思想的缺陷。这种努力在生命价值观上的一个重要表现就是,开始侧重于对内在"心性"、"心神"的崇尚以及对灵魂超越的追求,如唐初道教"重玄学"的代表成玄英强调"心"在修炼中的重要作用,主张"精神超越"。为了达到灵魂超越的目标,道教信仰者就得守"静"修"心",向内修炼风气兴起,

---

[1] 《旧唐书》卷二《太宗本纪》。

这是道教修行方式发生转向,又极大地推进了"内丹"方术与"内丹"学说在宋金以后的风行。当然,内丹修炼学说的形成、迅速发展并主导道教修行理论发展主流,是以道教"心性论"哲学为根基与契机的,正如任继愈所言:"内丹说,实际上是心性之学在道教理论上的表现,它适应时代思潮而生,不能简单地认定内丹说的兴起是由于外丹毒性强烈,服用者多暴死,才转向内丹的。"①不过这种新的生命追求目标、学说的出现与传播,并没有使肉体永驻之追求目标立即销声匿迹,"外丹"修炼与"外丹"学说继续存在并有所发展。从元代或明代编纂的《庚道集》记载来看,这一时期的外丹烧炼广泛使用了植物药,剂量往往是以两、钱为单位。这说明当时对植物类药物的药理、药性已经有了比较深刻的认识,金属类药物已经逐渐为植物类药物所取代。② 向外求索与向内求证的修行方式在道教伦理思想与实践中长期共竞、共存,到了明清时期道教思想家已主张所谓"性命双修",即通过修心炼性、炼气修命,实现灵魂的超越与肉体的永驻。

第二,道教戒律日益规范,斋戒仪范的整理与制订受到重视,编纂的道教典籍不断涌现。在道教理论中,戒条主要以防范为目的,律文则主要以惩罚为手段,律文依据戒条而设立。戒条与律文通常合称戒律,是道士必须遵守的行为规范,目的是防止修行者"恶心邪欲"、行为放逸。借鉴佛教的戒律,道教于两晋南北朝时期制订出"五戒"、"八戒"、"十戒"等戒律。据《初真戒》载,道教有"老君五成",即"一者不得杀生,二者不得荤酒,三者不得口是心非,四者不得偷盗,五者不得邪淫"。③ 到了隋唐时期,道教戒律学说进一步完善,创设了名目繁多的戒条,如正一派的"老君百八十戒"、灵宝派的"智慧度生死上品大戒"、上清派的"洞真观身

① 任继愈:《中国道教史》增订本,中国社会科学出版社2001年版,前言第5页。
② 孔令宏:《宋明道教思想研究》,宗教文化出版社2002年版,第406页。
③ 钟肇鹏主编:《道教小辞典》,上海辞书出版社2001年版,第228页。

三百大戒"以及三皇派的"十三禁戒"等。为了更系统地整理、研究、传播戒律戒条，道教学者编纂了大量汇集戒律戒条的典籍，如张万福的《三洞众戒文》、《传授三洞经戒法箓略说》，杜光庭的《道门科范大全集》，朱法满的《要修科仪戒律钞》。这些典籍对流传下来的戒律、新创设的戒律进行了整理、汇编，推进了道教戒律学说的体系化发展，也扩大了道教伦理的社会影响。

　　第三，道教的斋醮科仪学说得到系统整理与制订，经戒法箓的传授仪式更加细致，法服制度更加规范，吉凶禁忌得到基本统一。一是道教的斋醮科仪学说得到系统整理与制订。"斋"的原义为洁净、禁戒。道教发展了"斋"的涵义，创设了诸如金箓斋、玉箓斋、黄箓斋、自然斋、上清斋、明真斋、三元斋等祈福禳灾的斋仪，从而使"斋"成为道教信仰者敬神的一种行为规范。"醮"原义为向神敬酒，后成为祭祀神灵的代称。道教发展了"醮"的涵义，创设了诸如延生醮、拔罪醮、祈禄醮、保嗣醮等用于祈禳的醮仪，从而使"醮"成为道教信徒敬神的一种行为规范。"科"与"仪"连用为"科仪"，意为道士修道生活和建斋设醮所要遵守的各种行为规范。一般而言，斋醮科仪泛指道教信徒敬神或者进行礼拜、祈祷、谢恩活动的种种仪式。自隋唐以来，许多道教学者为规范斋醮科仪活动，对繁多的斋醮科仪进行了系统的整理、修订以及集结，形成众多的道教典籍，诸如张万福所编之《醮三洞真文五法正一盟威箓立成仪》、《三洞法服科戒文》等，朱法满所编之《要修科仪戒律钞》，杜光庭所编之《太上三洞传授道德经紫虚箓拜表仪》、《太上正一阅箓仪》等，刘若拙所编之《三洞修道仪》，全真弟子林灵真所编之《灵宝领教济度金书》。相关斋醮科仪经典的大量出现，规范了道教信徒的斋醮科仪活动，丰富了道教伦理的内涵，完善了道教伦理的思想体系。二是道教经戒法箓的传授仪式得到更加细致的修订。道教认为经戒法箓来自诸神说教，与神灵有天然联系，具有神圣的性质。为体现这种神圣性，道教学者专门创设名目繁多的仪范，如《太上三洞传授道德经紫虚箓拜表仪》、《太上出家传度仪》就是整理此类仪式的经籍。自隋唐开始，"券契"、"盟"、"誓"和"时间禁忌"在经戒法箓的传授仪式中的地位得以凸显。"券契"与"盟"都是指与神签订契约，"誓"是指向神灵立下誓言，"时间禁忌"则是在斋醮活动、经戒法箓的传授仪式过程中对吉凶日期的选择。隋唐之后，许多道教学者对"券契"、"盟"、"誓"和"时间禁忌"等经戒法箓的传授仪式做了细致的整理与修订，到了宋金元时期，诸符箓道派都创设新的符箓法术，经戒法箓的传授仪式实现集结，而这些做法都大大推进了道教伦理的深入发展。三是道教的法服制度进一步规范与统一。道教法服制度在汉魏两晋南北朝时期，就得到了初步确立。到了隋唐时期，等级不同的道士所受经戒与所授法箓不同，也就是说，道士的等级阶次与经戒法箓的传授仪式进一步细化与规范。为了维护井然的神学伦理秩序，道教的法服制度进一步完善与统一。如唐代道士张万福就在《三洞法服科戒文》中指出，道教法服的规格、式样是太上老君传授给天师张道陵的，道士的冠、褐、裙等法服都具有神圣的价值与内涵。由于上述成就，信仰者在处理人—神关系时就有章可循，道教神学伦理观得到了充实与完善。

隋唐时，儒道常以"不仁不孝"、"无礼无恭"攻击佛教。在辩论、护教的同时，佛教加大对儒道伦理思想的吸收、融合，如天台宗把止观学说与儒家人性论调和起来，华严宗则为三教伦理的调和做理论论证。作为一个典型的中国化佛教派别，禅宗在吸收融合儒家伦理与道家伦理的过程中，走上了独立发展的道路。特别是慧能大师开创的禅宗南宗，在佛性论方面，倡导"即心即佛"，主张"佛是自性作，莫向身外求。自性迷佛即众生，自性悟众生即是佛"①，认为不仅一切众生都有佛性，而且众生佛性并无差别；在修养方面，指出众生佛性并无差别，佛性平等，各自观心、

---

① 《南宗顿教最上大乘摩诃般若波罗蜜经六祖慧能大师于韶州大梵寺施法坛经》，《大正藏》第四十八卷，第341页中。

自见本性,从而主张当下直人,直至人心,将成佛的过程大大简化,大大提高了众生成佛的可能性;在孝亲观上,认为佛道是实现孝道的最好形式,孝道归于佛道是孝亲的最高境界。禅宗伦理的独立发展影响了中国佛教伦理的发展方向,并为以后儒家伦理的发展提供了丰富的养料与资源。

第三节　内部共融互摄

宋到清鸦片战争之前,为顺应中国社会的发展变化,宗教伦理朝着世俗化方向发展,这为中国宗教伦理在思想理论上、传播方式上的相互借鉴吸收大开方便之门。不过,这种内部的共融与对外的排斥始终勾连在一起,作为异质宗教伦理的基督教伦理从入场到离场恰恰印证了这一点。

一、世俗化与内部共融

宋以来,商业兴起,商人、小手工业者地位有了一定程度的提高,世俗化倾向逐步增强。到了明中期,全新的经济形态萌芽,技术理性不断萌生,自然经济的统治地位开始动摇,社会道德、审美、宗教等思想观念也随时代变迁而变迁。宗教学视域中的"世俗化",是指宗教为了适应世俗社会,不断调整自身,主要价值取向显示出由彼世、彼岸向此世、此岸转变的趋势。一般而言,这种趋势有一些明显表现:人们的注意力远离超自然者,转向此生的急迫需要和问题;宗教与社会逐步分离,日渐退回到自身独立领域,成为个人私事;被认为是以神圣力量为根基的知识、行为和制度,转化为纯粹的人类创造和责任,宗教信仰和制度转化为非宗教形式;人和自然日益成为理性的分析对象和控制对象,世界逐步丧失神圣化特征;越来越多的人以理性和功利主义为评判标准,逐步抛弃对传统价值观念和实践的信奉。① 这个过程是漫长的,不仅见证着人类理性的进步,也见证着宗教传统的演变。

自宋至清鸦片战争,以道教伦理和佛教伦理为代表的中国宗教伦理形成融合之势,相互之间更加开放兼容。从十一世纪到当代,即自宋开始,政府对道教、佛教的控制形势日趋稳定,形成了中国特有的兼容并蓄的宗教体系,表现为原始宗教、道教和佛教的相互渗透。② 此时的道教、佛教在理论上鲜有突破,在政治生活中扮演相对弱势的角色,清代康熙皇帝曾制御诗哀叹道、佛二教的衰败:"颓波日下岂可回,二氏于今究可哀! 何必辟邪犹泥古,留资画景与诗材。"③中国宗教伦理在这段时期的发展,主要体现为对以往理论的总结和内部的共融互摄上。

伴随着道教伦理、佛教伦理与儒家伦理的合流,以及中国社会世俗化进程的逐步深入,道教伦理、佛教伦理不断加大对民间宗教的渗透,孕育出许多民间宗教的基本伦理观念,并通过对广大民众生活的影响以实现其发展。明清之际,基督教伦理在华的传播过程,成为中国宗教伦理的新现象,其成功经验为基督教伦理在近代的再次传入提供了借鉴,其失败教训则为基督教伦理近代化提供了一面历史的镜子。

二、道教伦理的新发展

由宋至元,道教伦理得到了进一步发展,主要表现在三个方面。

第一,灵魂成仙学说的确立和风行以及道德修行方式的完善。在相当长的发展时期,道教以外丹修炼为主,但是许多信仰者在服食丹药的实践过程中,非但延年益寿,反而中毒致死,外丹术的失败为道教内丹的

---

① Malcolm B. Hamilton, *The Sociology of Religion: Theoretical and Comparative*, London: Routledge, 1995. pp.166-167.
② 参见[美]杨庆堃:《中国社会中的宗教》,上海人民出版社 2007 年版,第 109 页。
③ 《清朝野史大观》卷 11。

发展开辟了道路。内丹以人的身体为炉鼎，以精、气、神为药物，炼内丹是以修炼复归于"道"的逆行过程。经过对传统炼服外丹以求肉体成仙学说的反思与革新，"金丹派"的南宗与北宗（即全真道）力倡内丹，认为只有通过内丹的修炼，才能实现灵魂成仙的目标。南北二宗都主张性命双修，倡导行善积德是修道成仙的基础，只是在侧重点与入手功夫上有所差异：南宗主张先修命后修性，北宗则主张先修性后修命。

第二，道教伦理与儒家伦理、佛教伦理的全面合流。南宗五祖张紫阳、石泰、薛式、陈楠、白玉蟾等著名道士都扬"三教合一"的旗帜，认为三教归一，都平等齐肩，①从而将儒家的伦理说教与道教的长生成仙学说结合起来，使儒佛道三家的伦理观念趋同，乃至全面合流。南宋后兴起的净明道，更是以强调修道必须忠君孝亲、正心诚意而著称，乃至其被称为"净明忠孝道"。同时，道教伦理也将佛教伦理中的普度众生观念、因果报应学说视为己有。可以说，道教伦理在这段时间对儒家伦理、佛教伦理的吸收已进入全面融会贯通的阶段，"以三教合一"为宗旨的新教派出现，"三教一家"、"万善归一"的论调充斥于道教界。

第三，道教伦理的世俗化倾向进一步强化，道教伦理对社会世俗生活的渗透进一步加大。此时，道教伦理世俗化倾向的增强是与儒释道合流联系在一起的，特别是通过对儒家伦理的改造，增强其对世俗生活干预的自觉性。正是通过这种改造，道教伦理极力鼓吹在世间行善积德、济世度人是得道成仙的必要条件，譬如全真七子要求信徒在世间积极尽孝、行善，甚至将行善积德视为得道成仙的一个充分条件，以为只要能认真实践世间的伦理规范，便可直接成仙。②

---

① 　参见唐大潮：《明清之际道教"三教合一"思想论》，宗教文化出版社 2000 年版，第107—112 页。

② 　参见姜生、郭武：《明清道教伦理及其历史流变》，四川人民出版社 1999 年版，第96—97 页。

明至清鸦片战争之前,道教伦理继续沿着世俗化与儒释共融的方向发展。这段时期,中国封建社会进入晚期,统治者由崇道逐步转变为抑道,道教伦理理论上的突破越发匮乏。不过,诸如陆西星、王常月、伍守阳、刘一明、薛阳贵、李西月等道士进行了积极努力,为道教伦理发展增添了一些亮点。其中,明后期王常月(? —1680)展开的阐教活动,一度开创龙门派"中兴"局面,道教伦理显现一片生机。他所阐发的道教伦理思想具有强烈的世俗化倾向,极力调和入世与出世、人道与仙道、凡人与圣人的差异,为清王朝大唱赞歌;要求道徒必须遵守"王律",须要忠君王、孝父母,先要做一个忠臣孝子,完人道,从世法中修出性命双全;劝诫未出家者应以入世尽分为务,应不出儒门而修出世之道。① 同时,大力融摄儒家伦理与佛教伦理,充分吸收三纲五常等儒家伦理观的核心内容,他的《碧苑坛经》、《初真戒说》从头到尾都充斥着儒家伦理、佛教伦理的基本观念。清前期道士刘一明(1734—1821)则从本体论的角度来论证三教同源,指出:"道者,先天生物之祖气,视之不见,听之不闻,搏之不得,保罗天地,生育万物,其大无外,其小无内,在儒则名曰太极,在道则名曰金丹,在释则名曰圆觉。本无名字,强名曰道。"②从三教同源、三教一家的观念出发,进而提出:"大抵三教圣人,其教不同,其意总欲引人入于至善无恶为要归……三教一家,谁曰不然乎!"③总之,王常月、刘一明等人都通过融摄儒家伦理、佛教伦理的具体伦理观念与思想,倡导三教一家,以发展道教伦理,拓展道教伦理的生存空间。

通俗易懂的劝善书不断涌现。《周易》有"积善之家,必有余庆;积不善之家,必有余殃"④的说法与思想,道教将其继承并进一步发展,到宋

---

① 参见唐大潮:《中国道教简史》,宗教文化出版社 2001 年版,第 324—325 页。

② 刘一明:《修道辨难》,《藏外道书》第八册,巴蜀书社 1994 年版,第 470 页。

③ 刘一明:《会心外集》,《藏外道书》第八册,巴蜀书社 1994 年版,第 701 页。

④ 《黄侃手批白文十三经·周易·坤》,上海古籍出版社 1983 年版,第 4 页。

代之后便形成了专门以劝善惩恶为目的指向的道教劝善书。一般而言，道教劝善书依靠承负报应理论，将忠孝仁义诚信幼悌等德性、规范纳入宗教神学体系，宣扬存在制约一切众生命运的决定性力量。另外，高度概括性与高度文学性是道教劝善书的重要特征，这使得劝善书通俗易懂，非常容易地流传民间，影响到道教伦理的发展走向，影响了众多民间宗教信仰与风俗的道德说教形式。在宋代，《太上感应篇》、《文昌帝君阴骘文》等劝善书开始流行；到了明清时期，《悟道录》、《阴骘积善》等劝善书逐步盛行，并广泛渗入文学创作领域，成为明清文学艺术的重要思想主题与浪漫主义源泉。劝善书还以现实社会的伦理秩序与道德状况为着眼点，发挥道德教化作用，如《蕉窗十则》指出"遇上等人说性理，遇下等人说因果"，闵鼎玉在《蕉窗十则注解》中则进一步指出"上等之人，其质高，其学深，与之阐性理之微奥，洵有如时雨之化"，而"下等人，质愚识暗，须以善恶之因缘果报警之劝之"。[1] 劝善书所采用的形式与所关注的内容，使道教劝善书于明清时期在社会上盛行，大大增强了道教伦理的入世色彩。

便于操作的功过格日益盛行。功过格，一般是指将中国的民族道德区别为善（功）与恶（过），具体地分类记述，并以数量计算善恶行为的书籍。在书中，功过格整理列出功过的标准，并将人的行为一一计量。奉行者按照记于该书的条目做道德行为，并根据该书的记载整理行为结果的功过数量而加减。[2] 据清石成金《传家宝》记载，宋范仲淹、苏洵就作"功过格"。经明袁了凡倡导，功过格大行于世。到明末，以江南尤其江、浙、闽的士人阶层为中心，向其他地区、其他阶层流通、推广。

---

① 闵鼎玉：《蕉窗十则注解》下，《藏外道书》第十二册，巴蜀书社 1994 年版，第 677—678 页。

② ［日］酒井忠夫：《功过格的研究》，《日本学者研究中国史论著选译》第七卷思想宗教，中华书局 1993 年版，第 497 页。

为执行戒律、劝人行善、防止作恶,道教沿用此做法,对信徒所行之事分别以"善恶"逐日登记,借以考察、评判道教信徒的功过。《道藏》第78册《太微仙君功过格》,立三十六条"功格"、三十九条"过律"。这些功格、过律,规定治人疾病、救人性命、传授经教、为人祈祷、劝人行善等皆记功,行不仁、不善、不义、不轨之事皆记过。逐日记录,一月一小记,一年一大记,善多者得福,过多者得咎,借以鼓励道士行善避恶。[①] 这些功过格,对社会生活的方方面面进行了详细的规定,是道教信仰者开展价值记录与评价的标准,操作性极强;又要求道教信徒亲自为善恶行为记录,为修道过程做明确标识,从而对功过累积的过程产生直接感受,形成强烈的心理迫力。

总之,通俗易懂劝善书的盛行与便于操作功过格的涌现,使后期道教伦理的规范更精致、更具体、更深入,道教信仰者的修炼方式向内在化、心性化和理性化的方向演化。同时,神学色彩也逐步淡化,宗教的社会功能受到了人们的怀疑与否定,出现了道德价值观的荒诞化与流失。在世俗化情境下,道教伦理在有限的发展空间里不断发生衰变,日益被民间宗教所继承和改造。

三、佛教伦理的新发展

从宋至清鸦片战争这段时间,佛教伦理鲜有理论突破,但中国社会的世俗化为其开辟了新的发展空间,展现出鲜明的时代特色。

从佛教伦理的载体看,便于传颂的"宝卷"日益流行,易于操作的道德戒律得到创制。随着佛教中国化的逐步深入和中国社会世俗化进程的渐次推进,佛教伦理向社会各个领域的渗透日益加深,对民间百姓的影响逐步增强,对诗词、戏曲、音乐、绘画、雕塑等方面产生了直接影响。

---

① 钟肇鹏主编:《道教小辞典》,上海辞书出版社 2001 年版,第 229 页。

比如，宋代出现并在明清盛行的"宝卷"，大多以佛教故事为题材，以宣扬善恶业报轮回观念为价值指向，以民间百姓为主要宣讲对象，将基本的佛教伦理观念向民间百姓"输送"，对民间的道德教化起到不容忽视的作用。在佛教理论中，戒律是戒与律的合成语，其中戒从消极意义上防止恶的行为发生，从积极意义上促发善行；律是他律的规范，是僧团的规律。可以说，戒律是约束、规范佛教徒的重要手段和方法，直接影响佛教徒对佛教伦理的理解与践行，对佛教伦理的发展意义重大。中国社会世俗化的进程逐步推进，加上屡次社会动荡，信仰危机、道德败坏的现象不可避免。针对这些新情况、新问题，诸多佛教界进步人士十分重视戒律的创制与革新，大量著述实用性的律要读本。譬如，晚明的这些戒律著作，大多配合佛教徒日常生活的需要和环境的需要而创制。①

禅宗伦理、净宗伦理影响渐大。由初祖达摩创设，经六祖慧能、怀海禅师发展，禅宗到宋代已成为最为流行的一个宗派。许多禅宗大师积极融摄诸宗特别是净土宗的伦理观念，重视伦理制度的建设，强调道德与生活的结合，禅宗伦理的社会影响达到了相当的程度。在明末云栖大师（1535—1615）看来，"禅宗净土，殊途同归……如中峰大师道，禅者净土之禅，净土者禅之净土，而修之者必贵一门深入，此数语，尤万世不易之定论也"，"若真是理性洞明，便知事外无理，相外无性，本自交彻，何须定要舍事求理、离相觅性"。② 这种融摄诸宗的论述，表明云栖旨在提醒佛教徒要老实念佛，提升德行修养，到达净土的目标、境地。弘扬"念佛禅"的绍琦（1403—1473）指出，念佛禅的方法是"单单提起一句阿弥陀佛，置之怀抱，默然体究，常时鞭起疑情，这个念佛的毕竟是谁，反复参究，不可作有无卜度……而于行住坐卧之中，乃至静闹闲忙之处，都不要分别计

---

① 参见傅伟勋：《从传统到现代——佛教伦理与现代社会》，（台湾）东大图书出版公司1990年版，第146—147页。

② 《净土疑辨》，《大正藏》第四十七卷，第420页。

较。但要念念相续,心心无间,久久工夫纯一,自然寂静轻安,便有禅定现前"①。这实际上是一种融合禅净二宗的修行方法。如果说,禅宗以不立文字、直探心源、见性成佛、依靠自力实现解脱,净土宗则以求生净土、花开见佛、依靠他力实现解脱。简单易行的净土宗大受佛教徒的欢迎,净土宗的伦理观念也广为传播。后来的蕅益(1599—1655)继承了云栖所弘扬的持名念佛法门,同样主张禅经双修,以实现净土的理想。虽然不同佛教人士对禅净融摄的方式、方法有所不同,但都将众善奉行、诸恶莫作凸显出来,从客观上起到了道德教化的效果。

如果此时期佛教伦理在内部以禅净融合为特点的话,那外部则以佛教伦理与儒家伦理、道教伦理的共融共存为特点。南宋时期圆悟克勤认为佛法即是世法,世法即是佛法,"三教大宗师,秤头有铢两"②,三教无异。宋代宗杲以"忠义心"阐释佛教的"菩提心",鲜明地指出:"菩提心则忠义心也,名异而体同。"在宗杲看来,忠、孝不可分割、相辅相成,不仅是儒家思想,也是佛门教义,"未有忠于君而不孝于亲者,亦未有孝于亲而不忠于君者,但圣人所赞者依而行之,圣人所诃者不敢违犯,则于忠于孝,于事于理,治身治人,无不周旋,无不明了"③。晚明的四大高僧和清初的僧人更是发挥三教同源的精神,鼓吹三教合一,强调依附王法、辅助王政,重视孝亲祭祖、奉敬君王,佛教伦理已从一般地倡导普度众生、众善奉行,转向到实实在在地倡导孝亲、忠君上来。宋以来,理学取得了绝对正统的地位,但朱熹、王阳明等大多出入佛老,主动吸收佛教伦理资源,以忠孝为核心的纲常伦理成为佛教伦理与儒家伦理、道教伦理的共同之处,佛教伦理至此已完全融入中国伦理文化的发展脉络之中。

---

① 《示秀峯居士》,《续藏经》第八十四册,第370页上。
② 《圆悟佛果禅师语录》,《大正藏》第四十七卷,第735页下。
③ 《大慧普觉禅师语录》卷二十四,《大正藏》第四十七卷,第913页上。

四、异质宗教伦理的入场与离场

　　基督教伦理的再次传入为中国宗教伦理提供了丰厚资源,也为近代基督教伦理的本土化做出了探索。随着蒙古军的节节胜利,基督教再次进入中国,这也是基督教第二次进入中国,被称为"也里克温"。在元代,基督教徒拥有较高的政治地位,发展较为迅速,但由于基督教缺乏群众基础,随着元朝土崩瓦解也迅速销声匿迹。以利玛窦为代表的基督徒在明清之际以和平的方式来华,基督教第三次进入中国。入华传教士们于十七世纪初叶,所取得成功的最肯定的原因之一,是他们出版的伦理学著作以及讲授数学知识。[①] 这批传教士包括利玛窦(Matteo Ricci, 1552—1610)、庞迪我(Diego De Pantoja, 1571—1618)、罗明坚(P. Michele Ruggieri, 1543—1607)、艾儒略(P. Julius Aleni, 1582—1649)、汤若望(Joannes Adam Schall Von Bell, 1591—1666)等,他们都通过著述来阐发基督教伦理。利玛窦的伦理学著作主要有《交友论》(1595)、《二十五言》(1604)和《畸人十篇》(1608),其最重要的著作《天主实义》第一次系统地向中国人论证上帝存在、灵魂不朽、死后必有天堂地狱之赏罚,并向中国人指出个体救赎之路。[②] 在这些著作中,利玛窦以宣传基督教伦理为目的,以容古儒、斥新儒、"易"佛道为策略,以调和、变通与中国本土伦理的关系为方法,对基督教伦理进行了阐发。这种发展了的基督教伦理,倡导人权平等、人格平等,对中国本土的纲常伦理产生强烈冲击:坚持一夫一妻制,倡导独身之优,对明清时期的妻妾制进行批评;肯定孝道观念也发展孝道,认为基督教的孝道既言孝于人更言孝于

---

① 〔法〕谢和耐:《中国与基督教——中西文化的首次撞击》增补本,上海古籍出版社2003年版,第124页。
② 参见〔比利时〕钟鸣旦、孙尚扬:《一八四〇年前的中国基督教》,学苑出版社2004年版,第127页。

天,缓和与中国本土伦理的直接冲突;将灵魂不朽与天堂地狱之赏善罚恶联系起来,试图改善明末道德沦丧的社会现状;将"人伦"置于五伦之上,用爱人如己的博爱观念补充中国本土的宗法性伦理之缺憾;主张待人以诚、以德报怨、推己及人、入乡随俗的为人之道,倡导友谊至上、互相平等、相须相佑的交友之道,丰富了中国本土的伦理思想。利玛窦的全部策略,实际上是建立在中国古代的伦理格言与基督教教义之间的相似性,"上帝"与天主之间的类比关系上。① 随后,庞迪我作《七克》,在正文之前特意开列了两类相互对立的德性要目:一为"罪宗七端",即七种恶德,包括"骄傲"、"嫉妒"、"悭吝"、"忿怒"、"迷饮食"、"迷色"、"懈惰于善";另一为"克罪七端有七德",即克服恶德的七种方法和七种美德,包括"谦让以克骄傲"、"仁爱人以克嫉妒"、"舍财以克悭吝"、"含忍以克忿怒"、"淡泊以克饮食迷"、"绝欲以克色迷"、"勤于天主之事以克懈惰于善"。② 然后按照一罪配一克、一克获一德的方法,逐条对基督教伦理进行较为全面、较为系统的解释和阐发。庞氏之利用先秦儒学那种注重克己修身的传统影响力,去向中国人传播基督教伦理,最终是为了以这种西式的宗教伦理观取代儒学的世俗伦理观,这意味着他所借用的"克"不仅仅带有自我克制的儒学含义,更带有征服和取而代之的外在意味。③除了上述外来传教士,中国本土皈依基督教的信徒也著书立说,宣传与发展基督教伦理,如徐光启(1562—1633)著《造物主垂像略说》、《辩学疏稿》、《辟妄》,杨廷筠(1557—1628)著《天释明辨》、《代疑编》、《西学十诫注释》。

　　基督教伦理在极力传播的同时,遇到了中国本土伦理的批评、指责。

---

① [法]谢和耐:《中国与基督教——中西文化的首次撞击》增补本,上海古籍出版社2003年版,第17页。

② 参见[明西洋]庞迪我:《七克》,《东传福音》第二册,黄山书社2005年版,第260页。

③ 林中泽:《晚明中西性伦理的相遇》,广东教育出版社2003年版,第223页。

崇祯七年(1634)至崇祯十一年(1638),民间的儒佛道三方力量联合起来,著书撰文,共同反对基督教,形成了崇祯十二年(1639)由徐昌治订正印行的《圣朝破邪集》(亦题《破邪集》)和崇祯癸未(1643)序刻本《辟邪集》等成果。徐昌治在辟邪题词中指出,"天主教之以似乱真,贬佛毁道,且援儒攻儒,有不昭其罪。洞其奸彰,灼其中祸于人,留害于世",通过批驳、痛斥,"明大道,肃纪纲,息邪说,放淫词"。① 这表明儒佛道特别是伦理观念已经融合,共同对外来的宗教伦理进行抵制、批驳。这种外在的抵制、批驳,让传教士自我反思,有助于基督教伦理的境遇化发展。基督教伦理的传播与发展一直延续到清康熙年间,但随着"中国礼仪之争"的出现,清朝康熙皇帝宣布禁教,传教活动转入地下并极为低迷,基督教第三次入华宣告失败,基督教伦理在中国的发展更是无从谈起。

　　总之,从宋到鸦片战争之前的中国宗教伦理更加开放兼容,道教伦理、佛教伦理、原始宗教伦理乃至一度较为盛行的基督教伦理总体上相安存在、互相吸收。但衰退、腐败的封建社会让作为上层建筑的中国宗教伦理必然发生衰变;新生产方式的萌芽逐步动摇中国宗教伦理的根基,也促使其逐步孕育新观念、新思想。中国宗教伦理的衰变一直延续到鸦片战争,鸦片战争使中国遭遇"数千年未有之大变局",作为社会存在之一的中国宗教伦理也陷入前所未有的发展困境。

---

① 参见徐昌治:《圣朝破邪集》八卷,《藏外佛经》第十四册,黄山书社 2005 年版,第510—511 页。

第二章　遭遇发展困境

唯物史观告诉人们，"人们的一切法律、政治、哲学、宗教等等观念归根结蒂都是从他们的经济生活条件、从他们的生产方式和产品交换方式中引导出来的"[①]。伴随着传统社会的逐步崩解，加上宗教伦理革新滞后，救国救世伦理精神欠缺，救国救世道德践行乏力，基督教伦理本土色彩淡薄，启蒙伦理思潮也对宗教伦理展开激烈批评、攻击乃至否定，中国宗教伦理发展到近代遭遇到前所未有的困境。

第一节　新伦理思潮冲击

传统社会的逐步崩解倒逼中国传统价值体系逐步解体和新伦理思潮兴起。在"立人"的过程中，各种新伦理思潮凸显"人"的地位，对宗教伦理产生强有力的理论冲击，起到了祛魅的作用与效果。

一、批判宗法属性

明清时期土地的买卖较为自由，农业经营的灵活性较大限度地适应了农业生产和商品经济发展。在商品经济进一步发展的条件下，农村封

---

① 《马克思恩格斯全集》第二十一卷，人民出版社 1965 年版，第 548 页。

建习俗逐渐发生变化,土地制度的封建宗法关系逐渐趋向松解。① 一定意义上讲,封建土地关系的逐步松解与新生产方式的产生是同步出现的。据《织工对》的描绘,元末明初的杭州已出现雇用几十个工人的丝织作坊,作坊工人"日佣为钱二百缗",而且"顷见有业同吾者,佣于他家,受直略相似"。这时的工人还可以在不同作坊之间进行选择,技术水平高的工人可以向雇主要求更高的工资,与农民相比已拥有更大的自由度。万历年间(1573—1620),丝织业、棉纺业、陶瓷业、采矿业、造船业等多个行业中均已出现资本主义萌芽。据《苏州府志》记载,万历时的苏州,"列巷通衢,华区绵肆,坊市棋列,桥梁栉比",呈现一片繁荣景象;"枫桥之米豆,南濠之鱼盐、药材;东西汇之木簰,云委山集",不同种类的市场已经形成。这些状况,无疑将触动和破坏自给自足的小农经济。到了清代,各种手工业得到了进一步的发展。据《清朝文献通考》卷二十三《职役三》记载,雍正时的苏州呈现一片繁荣景象:"南北商贩青蓝布匹,俱于苏郡染造,踹坊多至四百余处,踹匠不下万人。"②新生产方式的此种发展态势,一直延续到鸦片战争之前。

鸦片战争之后,殖民主义者强行将中国纳入资本主义的大生产体系。西方资本主义的大肆入侵与西方工业制成品的大量涌入,逐步肢解中国封建社会自给自足的自然经济,手工业、商业受到根本性打击,传统的生产方式难以继续存延。至光绪年间,洋布洋纱在城市、乡间盛行,逐步取代土布,直接导致家庭纺织业的破产,传统农业和家庭手工业相结合的生产模式被打破。根据《青浦县续志》记载:光绪中叶以后,梭布低落,风俗日奢,乡女沾染城镇习气,类好修饰,于是生机日促。一夫之耕

① 李文治:《明清时代封建土地关系的松解》,中国社会科学出版社1993年版,第548页。
② 参见沈善洪、王凤贤:《中国伦理思想史》下册,人民出版社2005年版,第3页。

不能兼养,散而受雇于他乡者比比矣,尤以上海独多,利其工值昂也。①通过倾销商品,西方殖民者将中国变为廉价劳动力和原材料的供应地,这既抑制了民族资本主义经济的发展,也逐步摧毁千余年一直存延下来的小农自然经济。从积极意义来看,西方殖民者通过这种方式,"把一切民族甚至最野蛮的民族都卷入文明的漩涡里了。过去那种地方的和民族的闭关自守和自给自足的状态已经消逝,现在代之而起的已经是各个民族各方面互相往来和各方面相互依赖了"②。在西方殖民者侵略的刺激下,民族工商业者奋发而起,创办民族工商业,中国本土萌生的资本主义生产得以继续存延。西方殖民者的经济侵略和中国本土民族工商业的发展,共同加速了中国传统生产方式和生产模式的破产。

新生产方式的出现与发展从根本上动摇了传统的宗法制社会。在中国封建社会,"贵贱"、"良贱"的等级关系与"尊卑"、"长幼"的血缘宗法关系紧密结合在一起,以至于人们经常把封建与宗法并称。新生产方式对封建宗法关系的逐步瓦解,集中表现为封建等级关系、血缘宗法关系以及所有封建习俗都随生产力与商品经济的发展而发生变化,维护宗法制社会的纲常伦理开始动摇。在《从先维俗议》中,管志道对万历年间的此种变化这样描绘:"开国以来之纪纲,唯有日摇一日而已……于是民间之卑胁尊、少凌长、后生侮前辈、奴婢叛家长之变态百出,盖其所由来渐矣。"清代道光年间(1821—1850),龚自珍描绘当时境况:"承乾隆六十载太平之盛,人心惯于奢侈,风俗习于游荡,京师其尤甚者。自京师始,概乎四方,大抵富户变贫户,贫户变饿者。四民之首,奔走下贱。各省大局,岌岌乎皆不可以支月日,奚暇问年岁?"③"四民"指的是士、农、工、

---

① 参见孙燕京:《晚清社会风尚研究》,中国人民大学出版社 2002 年版,第 98 页。

② 《马克思恩格斯全集》第四卷,人民出版社 1958 年版,第 470 页。

③ 龚自珍:《西域置行省议》,《龚自珍全集》,上海人民出版社 1975 年版,第 106 页。

商,士农工商的依次排序鲜明体现了中国传统宗法制社会的等级秩序,而商品经济带来的贫富分化正冲击着宗法制社会的等级秩序,威胁着传统宗法制统治的基石。传统宗法制统治已经动摇,新的社会秩序尚未确立,以至于龚自珍感到"日之将夕,悲风骤至,人思灯烛,惨惨目光,吸饮暮气,与梦为邻"[①]。新生产方式从根基上动摇了传统宗法制社会,而传统宗法制社会的动摇并逐步崩解则为各种新兴伦理思潮的孕育与出现准备了条件。

与宗法伦理关系的紧密使宗教伦理备受指责。十九世纪中后期,中国传统宗法势力在失去控制之后恶行膨胀、化公为私、盘剥百姓,具有浓厚宗法色彩的传统佛教势力、道教势力也是如此。譬如,传统的佛教寺庙拥有大量地产,传统佛教的子孙寺产制度实际上是封建宗法制的变种。许多僧侣"裸居茶肆,拈赌骨牌,聚观优戏,钩牵母邑"、"不事奢摩静虑,而唯终日安居;不闻说法讲经,而务为人礼忏。嘱累正法,则专计资财。争取缕衣,则横生矛戟。驰情于供养,役形于利衰"。[②] 佛教如此,道教更甚,以至于倾全力追求世俗的享乐——财富、健康、长寿、幸福、多子多孙等一切事物。[③] 加上,荐生度死的风气日盛,成为佛、道二教的"专利",宗教徒往往被讥讽为"朝中的懒汉,米中的蛀虫"。从理论上看,宗教伦理的宗法色彩浓厚,尽显历史局限性。道教伦理尤为突出。首先,贵族化神秘化与仙阶等级森严,使道教伦理的等级色彩浓厚。金丹是道士追求的神圣之物,然而烧炼金丹不仅需要价格昂贵的药材、原料,还需要大量的时间、精力,这些都不是普通百姓所能承受的,在这个意义上讲,经过魏伯阳、葛洪等人改造过的道教已成为奢侈品而为贵族专有。

---

① 龚自珍:《尊隐》,《龚自珍全集》,上海人民出版社 1975 年版,第 87 页。

② 苏曼殊:《儆告十方佛弟子启》,《苏曼殊作品选》,长江文艺出版社 2003 年版,第 205 页。

③ 参见陈荣捷:《现代中国的宗教趋势》,(台湾)文殊出版社 1987 年版,第 194 页。

作为金丹术载体的丹书,长时间来都是用玄妙的语言撰写,古奥难懂,以至于"'任他聪慧过颜闵,不遇明师莫强猜'。道家之言,千百门中,吐露一二门。千百段中,发表一二段。或节目易其程序,或字句变其先后,或泛论乌兔龙虎等法象,或广演乾坤坎离等卦爻。扑朔迷离,莫测端倪"①,加上丹法一般在师徒间传承,外人很难获得,神秘色彩十分浓厚。道教徒以长生成仙为修炼目标,道教伦理也必然以长生成仙为价值旨归。在道教的神仙体系中,仙有差等,而且等级森严,神仙高不可攀,这些都与其宣扬的成仙平等观念冲突,为道教伦理增添了浓厚的等级色彩。其次,男女平等的理念不能得到真正贯彻。道教伦理中本有尊重妇女的理论资源,然而受上千年父权制社会的影响,道士在实践中往往不尊重妇女:有的认为"在家从父是大义,出外从夫是良缘,夫死又当从为子,门内伦常属此三,为女为妻与为母,与此三者要守坚","果然四德皆足称,自能登仙步云路"②;有的视男子为"八宝之躯",视女子为"五漏之体"和不洁之物,甚至歧视女子,如他们在炼丹时不使僧尼、女人、鸡犬入内。③ 再次,墨守成规、不求发展,理论鲜有突破。相当多的道教徒闭目塞听、顽固自守,以至于"语以天演之如何淘汰,人群之如何进化","则掉头不顾、充耳不闻,惟一募化为生涯,疏懒为事业,在人类中为寄生物,为附属品"。④ 许多道教著作将忠孝的重要性推向极致,认为:"人生在世莫忘忠孝二字,为臣尽忠,为子尽孝,乃万古不易之理也。吾劝世人,或为忠臣,或为孝子,则不愧为人矣"⑤,"忠孝二字,天地纲维"⑥。当人们

---

① 陈撄宁:《道教与养生》,华文出版社 2000 年版,第 316 页。
② 参见《觉世正宗省心经十集》,《三洞拾遗》第三册,黄山书社 2005 年版,第 150—152 页。
③ 参见胡孚琛、吕锡琛:《道学通论》,社会科学文献出版社 1999 年版,第 453 页。
④ 《道教会布告》,《藏外道书》第二十四册,巴蜀书社 1994 年版,第 474 页。
⑤ 《劝世归真》,《藏外道书》第二十八册,巴蜀书社 1994 年版,第 27 页。
⑥ 《天上圣母真经》,《三洞拾遗》第一册,黄山书社 2005 年版,第 532 页。

提倡新道德、反对旧道德，进行道德革命和伦理觉悟时，与宗法伦理、纲常伦理紧密相连的宗教伦理往往被打入旧道德的行列，成为被批判和否定的对象。

对宗教的批评乃至否定无疑会殃及宗教的伦理资源和伦理价值。鸦片战争前后，大多宗教徒不学无术，理论修养十分有限，甚至腐化堕落，这种现象在近代比较普遍。道教信仰者郑观应感叹佛道二教教徒的堕落，"顾何以今之学仙、佛者，则又有大谬不然者何也？其名则是，其实则非。名曰我明心见性也，而实则利欲熏心，豺狼成性。名曰我修真炼性也，而实则疏懒为真，色食为性。矢志则打包云水，乞食江湖；得志则登坛说法，聚众焚修"①。据印光法师说，当时僧尼不识字者占 80% 以上，出家多年而不能背《楞严咒》者亦非少数。太虚将当时僧界"末流之陋习"分为四种：不问世事、隐遁清修的"清高流"，终日在禅堂打坐参禅、一切不管的"坐香流"，只管讲经说法的"讲经流"，专作佛事经忏的"忏焰流"。"除第一流外，余之三流，人虽高下，真伪犹有辨，其积财利、争家产，藉佛教为方便，而以资生为鹄的则一也。"②陈撄宁则直接指出："道教中人大概都是趋向保守，因此他们的人数本来就不多，清代光绪年间听老一辈说，那时全国道教徒只有八万人左右，后来更是越来越少。"③西南联大陈国符教授曾说："国符尝访道观多处，其道士率皆不学，曾见道藏者鲜。"④佛教、道教在很长一段时间里沿用旧套的教义、教理、修行方法、斋醮科仪，有选择地予以通俗解说或应用，谈不上有什么重要的理

① 《郑观应集》上册，上海人民出版社 1988 年版，第 537 页。
② 太虚：《震旦佛教衰落之原因论》，《太虚大师全书》第二十九卷，（台湾）善导寺佛经流通处 1980 年刊印，第（十六）43 页。
③ 陈撄宁：《在政协全国委员会三届三次会议上的发言》，《道教与养生》，华文出版社 1989 年版，第 431 页。
④ 陈国符：《历代道书目及道藏之纂修与镂板》，《道藏源流考》上册，中华书局 1963 年版，第 190 页。

论建树。更为糟糕的是,它们与民间的鬼神迷信等落后观念相结合,宗教伦理被鬼神迷信所遮蔽,时任内政部次长的薛笃弼在解释为何废除一些传统信仰道场时,很明确地指出:若历史上毫无根据,或功业学问一无足称,或本诸稗小说,或本诸齐东野人,如世俗之所崇拜之土地财神,传瘟送痘送子诸神,以及狐仙蛇神、牛头马面之类,徒供愚妇愚夫之号召,自应列为淫祠,严加禁止,以正人心。① 由于这种颓废的状况,人们对宗教的批评也越发尖锐,有人认为宗教"简直是奴隶的——无人格的——被动的,伪善的,在道德论上估量其价值,便说他一钱莫名,也不过了"②,宗教并不像大家所讲的那样能增进道德;有人认为宗教伦理能增进道德,但"宗教上的道德伦理观念,极言之可谓之为'催眠术的道德观',他不仅仅是诱起人一时道德上的私心,他并且麻木了他神经中枢,直接地支配他一切行为。他使本人为了道德,失却了人格,失却了自由的意志,这便是他们的道德的代价"③;有人认为"只有自然道德,已足裨益人群而有余,更无需乎宗教之道德,以维持之"④,宗教只会阻碍自然道德的健康发展。在总体上批评、否定宗教价值的状况下,一些启蒙思想家对宗教伦理的批评与否定也就在所难免了,诸如善恶报应、慈悲利他、积德修仙、行善成仙、敬神感通、爱上帝而入天国、信基督而得救等宗教伦理观念的说服力和震撼力被大大消解。

二、凸显"人"的价值

倡导启蒙的伦理思潮在明清之际已开始萌生。以李贽、黄宗羲、顾

---

① 《内政部长薛笃弼致佛教会复函稿》(1925 年 4 月 18 日),《中华民国史档案资料汇编》第五辑第一编·文化(二),江苏古籍出版社 1994 年版,第 1071—1073 页。
② 罗章龙:《再论反对宗教》,《非宗教论》,巴蜀书社 1989 年版,第 35 页。
③ 周太玄:《宗教与人类的未来》,《非宗教论》,巴蜀书社 1989 年版,第 109—110 页。
④ 李石曾:《在宗教大同盟上之演说》,《非宗教论》,巴蜀书社 1989 年版,第 137 页。

炎武、王夫之为代表的一批进步思想家反对封建专制,倡导"人的觉醒",提出"主情反理"的理论主张,已具有明显的人文价值与启蒙意义。其中,李贽为挽救日益加深的民族危机和社会危机,冲决"天不变,道亦不变"的传统形而上学束缚,冲决专制主义的纲常名教禁锢,以与"千万人为敌"的勇气,举起了"童心说"的旗帜,把批判的矛头直指"无所不假"、"满场皆假"的社会现实,直指"道学之口实,假人之渊薮"的"六经"、《论语》和《孟子》。一篇《童心说》,以其与一切专制主义道德说教彻底决裂的勇气和冲决囚缚的豪迈情怀,奏出了中国社会开始从中世纪走向近代的时代最强音,它是晚明思想解放的宣言、个性解放的宣言、文学革新的宣言。[①] 从伦理学的角度,他肯定合理的私人利益,揭示"人必有私"的事实,初步表达出男女平等、婚姻自由、个性解放的观念。黄宗羲通过反思封建政体,对封建政体的腐败与罪恶进行尖锐的批判与猛烈的抨击,提出了一系列渗透着主权在民、政体监督意识及工商皆本意识等具有近代民主启蒙色彩的政治主张。[②] 顾炎武从现实存在的人性出发,肯定"私"、"欲"的合理性,为人们制定了一个"行己有耻"的道德底线,倡导富有个性解放意味的豪迈精神。他从"气化论"的观点和关于物质与精神之关系的唯物论观点出发,来廓清先儒对于"鬼神"的神秘主义论说,并批判了佛教的"轮回"之说和"灵魂不灭"的观念。[③] 王夫之强调道德自律的主体性,提出"生民之生死"高于"一姓之兴旺"的观点,揭示出旧政治、旧经济向近代转型的历史趋势。这批进步思想家开始以理性的眼光审视哲学、道德、宗教、政治、经济等,对禁锢人们思想、妨碍个性解放的观念与传统进行了批判。

近代进步思想家承续并复活明清之际以"主情反理"为核心的启蒙

---

① 许苏民:《李贽评传》,南京大学出版社 2006 年版,第 202 页。
② 参见徐定宝:《黄宗羲评传》,南京大学出版社 2002 年版,第 138 页。
③ 许苏民:《顾炎武评传》,南京大学出版社 2006 年版,第 638 页。

传统,又积极吸收外来的思想资源。鸦片战争后,在国内政治危机和西方殖民者入侵的刺激下,以龚自珍、魏源为代表的知识分子感觉到传统的纲常伦理禁锢人们的思想,摧残人的发展,积极倡导个性解放和政治民主;抨击统治集团中寡廉鲜耻的行为,主张"知耻振邦",即通过知耻来鼓舞人民的斗志和抵御外患;反对统治者只利一己之私,认为统治者应当为民开利,将利民和利国统一起来。魏源继承中国传统文化中的"经世"精神,积极倡导今文经学,认为"知"必须从"行"中来,注重"变"的观念,在《海国图志·议战》中提出"去人心之寐患"、"使风气日开,方见东海之民犹西海之民"的主张。如果说龚自珍、魏源等人的伦理思想还没有摆脱传统伦理思想的窠臼的话,那么主张"中体西用论"的洋务运动则直接孕育着近代新伦理。为适应近代社会剧烈振荡的现实,洋务论者提出"变局论",认为传统伦理不能死守而只能变通。那如何在严峻的形势下继承、发展传统伦理呢?"中学为体、西学为用"的文化原则应时而生,这也为富含有益资源的中国传统伦理保留了位置。郑观应、王韬等人认为君主专制不仅有害于民,也有害于君,主张"君民共主,权得其分"、"军民共治,上下相通"。稍后,何启、胡礼垣提出公平即公正、平等的思想,讲到"天赋人权"、"天下之权,唯民是主",民主思想比较明显。[①]

戊戌时期,进步思想家以中国传统伦理思想为基础,结合他们对西方伦理思想的理解,建构兼采中西伦理思想的学说。谭嗣同批判纲常伦理,倡导民权和平等,试图"冲决罗网"。严复将中西文化差异归结为"自由不自由异耳",主张"以自由为体、以民主为用",以达到"开民智、鼓民力、新民德"的目的。在反思戊戌变法失败的教训后,梁启超认为中国数千年之腐败"皆必自奴隶性来",只有倡言民权、改造国民性,塑造立宪政

---

① 丁守和主编:《中国近代启蒙思潮》上卷,社会科学文献出版社 1999 年版,序言第 9 页。

治所需要的"新民"的良好道德,才能从根本上解决中国的社会问题,并提出"道德革命"的口号,"苟不及今急急斟酌古今中外,发明一种新道德者而提倡之,吾恐今后智育愈盛,则德育愈衰,泰西物质文明尽输入中国,而四万万人且相率而为禽兽也。呜呼!道德革命之论,吾知必为举国之所诟病。顾吾特恨吾才之不逮耳,若夫与一世之流俗人挑战决斗,吾所不惧,吾所不辞。世有以热诚之心爱群、爱国、爱真理者乎?吾愿为之执鞭,以研究此问题也"①。严复译介西方伦理学说,主张与天争胜的进化伦理,倡导自由、平等和个性解放,提倡开明的、合理的利己主义,宣扬国民道德的"三民"论,其中严复主张和宣传的进化伦理影响到多个领域,并产生了非常大的社会效应。这些伦理学说,反对以"三纲五常"为核心的纲常伦理,诠释自由、平等、博爱等新伦理观念;用"求乐免苦"的观念改造理学家的"存理灭欲"说,主张合理的利己主义与"崇奢黜俭"的功利主义;阐述权利与义务、利己与利他、公德与私德等伦理学范畴及相互关系,力求重新阐发伦理道德的起源问题。

随着新文化运动的到来,思想启蒙又迎来一个新的高潮。以陈独秀、李大钊、胡适、鲁迅代表的一批文化人认为中国传统伦理道德为旧道德,已严重阻碍中国革命与发展,必须打倒旧文化建立新文化、批判旧道德建立新道德。正如陈独秀所分析的那样,西方的道德学说分为两派,一是个人主义之自利派,二是社会主义之利他派,二者有优势和长处,而"自于吾国旧日三纲五伦之道德,则既非利己,又非利人。既非个人,又非社会,乃封建时代以家庭主义为根据之道德也"②。新文化运动主将们在主动学习、借鉴西方成果的过程中,认为西方文明以个人为本位,追求个性独立与个性解放,而中国传统文化抹煞人的个性与主体性,正是

---

① 梁启超:《论公德》,《梁启超文选》上册,中国广播电视出版社 1992 年版,第 114 页。

② 《陈独秀著作选》第一卷,上海人民出版社 1993 年版,第 300 页。

这个区别才使西方政治昌明、国立强盛,而中国国民丧失独立人格、国势衰微,主张用民主反对政治与思想道德上的专制,用科学破除迷信和盲从,从而使人成为社会一切活动的目的。这场运动不仅批判儒家伦理,还将与儒家伦理紧密相连的宗教伦理一同批判。伴随着马克思主义的传入,以马克思主义为指导并结合中国具体革命实践的伦理学说开始确立,进而引领中国伦理思想以后的发展方向。自然,新旧思想的冲突不可避免,黄远庸于1916年对上述冲突做了概括:

> 新旧思想之冲突之点,不外数端。第一,则旧者崇尚一尊,拘牵固习;而新者则必欲怀疑,必欲研究。第二,新者所以敢对于数千年神圣不可侵犯之道德习惯、社会制度而批评研究者,即以确认人类各有其自由意思,非其心之所安,则虽冒举世之不韪,而不敢从同;而旧者则不认人类有此自由。第三,新者所以确认人类有此自由,因以有个人之自觉,因以求个人之解放者,即以认人类各有其独立之人格,所谓人格者,即对于自己之认识即谓人类有绝对之价值,与其独立之目的,非同器物,供人服御,非同奴仆,供人役使,在其本身,并无价值,并无目的;而旧者则视人类皆同机械,仅供役使之用,视其自身,亦系供人役使者,固为奴不可免,而国亡不可悲。第四,新者所以必为个人求其自由,且必为国群求其自由者,即由对于社会不能断绝其爱情,对于国家不能断绝其爱情;而旧者则束缚于旧日习惯形式之下,不复知爱情为何物。①

传统价值体系逐步解体,新的价值体系又未确立,新旧伦理观念的

---

① 黄远庸:《新旧思想之冲突》,《远生遗著》卷一,商务印书馆 1919 年版,第 159—160 页。

冲突使许多中国人备感道德上的焦虑：

> 旧者既已死矣，新者尚未生。吾人往日所奉为权威之宗教道德、学术文艺，既已不堪新时代激烈之风潮，犹之往古希腊神道之被窜逐然，一一皆即于晦匿，而尚无同等之权威之宗教道德、学术文艺起而代兴。吾人以一身立于过去遗骸与将来胚胎之中间，赤手空拳，无一物可把持，徒彷徨于过渡之时期中而已。[①]

三、推动精神祛魅

倡导启蒙的伦理思潮具有祛魅作用。马克斯·韦伯用"祛魅"(disenchantment)描述宗教改革、启蒙运动中将宗教形而上学世界观向世俗化转变的过程，也就是将超验神秘返归自然世界、世俗生活。清中后期，维系社会道德秩序有两股力量，都具有浓厚的神圣色彩。第一股力量是儒家伦理。在中国的传统政治文化系统中，王权往往被伦理化、神圣化以强化对独立人格与自然权利的束缚乃至否定，来为皇权官僚制统治、血缘宗法专制的合理性提供论证，或者说，以忠孝为核心的纲常伦理为皇权官僚制专制、血缘宗法专制披上了一层神圣的外衣。在史学家简又文眼中，清中后期粤人的现实道德状况就是如此：至于伦理道德方面，全粤人士仍以中国文化传统的伦理道德系统支配人生，此即以儒家的传统观念，三纲五常之说——君臣、父子、夫妇、兄弟、朋友之五伦，及仁孝忠信贞节礼义廉耻等行为普遍的标准。[②] 第二股力量是以道教伦理、佛教伦理为代表的中国宗教伦理。在中国传统社会，宗教伦理为人们提供了一种道德上的信仰和行为上的仪规，甚至成为民间社会道德生

---

① 黄远庸：《过渡时代之悲哀》，《远生遗著》卷一，商务印书馆1919年版，第161页。
② 简又文：《太平天国典制通考》下册，(香港)简氏猛进书屋1958年版，第1574页。

活的一种文化氛围。清中后期,"在种种宗教迷信之下,也有一些重要的道德成分在其中,殊足以维系道德而鼓励善行的,如天堂、地狱、轮回、因果、报应、托生、阴骘等观念是也。大抵仙佛鬼神,靡不富善祸淫,奖德惩恶者,微此大原则,则佛道之为宗教更堕落至尤为低劣的标准矣"①。这两种维系道德秩序的力量,在近代遭遇到启蒙伦理思潮强有力的挑战,当启蒙处于强势地位时,宗教伦理存在的合法性就岌岌可危。

祛除中国宗法制社会的伦理异化。晚清时期,节节败退并龟缩在紫禁城里的清王朝,让伦理化王权的神圣性丧失殆尽。由于内忧外患空前加剧,封建统治秩序即将崩溃,程朱理学最为本质的一面,即维护封建专制统治的本质属性暴露无遗。在很大程度上,程朱理学与纲常学说已没有大的区别。上至官方哲学,下至民众的思想信仰,他们所提倡所尊奉的首先是其中的纲常学说。②此时以纲常伦理为核心的儒家伦理走上异化之路,活力殆失,一些进步人士纷纷提出疑问,主张"重新估定一切价值",譬如,"对于习俗相传下来的制度风俗,要问:'这种制度现在还有存在的价值吗?'""对古代遗传下来的圣贤教训,要问:'这句话在今日还是不错吗?'""对于社会上糊涂公认的行为与信仰,都要问:'大家公认的,就不会错了吗?人家这样做,你也该这样做吗?难道没有别样做法比这个更好,更有理,更有益的吗?'"③换言之,他们用科学和民主的批判精神,对旧道德中的"贞操"、"礼教"、"婚姻"、"父子"等观念进行新的抉择,然后"再造文明"。在新兴伦理的影响下,普通民众由笃守程朱理学及纲常伦理,排斥西方伦理,逐步发生转变,其中一部分人逐渐接纳西方近代自由、平等诸伦理观念。显然,纲常伦理的异化现状,要求中国启

---

① 简又文:《太平天国典制通考》下册,(香港)简氏猛进书屋1958年版,第1575页。

② 张昭军:《清代理学史》下卷,广东教育出版社2007年版,第551页。

③ 胡适:《新思潮的意义》,《中国近代启蒙思潮》中卷,社会科学文献出版社1999年版,第441页。

蒙者将祛除其神圣性与神秘性作为使命。把伦理异化的神圣光环打破，把圣王、圣人、道学、道统的吓人的华衮剥去，使人们的思想从"神圣形象中的自我异化"与"非神圣形象中的自我异化"（物化）的传统观念的束缚下解放出来，这就是中国特色的"启蒙—祛魅"的基本特征。①

祛除宗教信仰、鬼神崇拜、迷信观念。为"立人"和"救亡"，启蒙思想家将宗教与鬼神、迷信联系在一起，予以批判与否定。戊戌时期，由于对宗教的否定态度，加上实业救国、教育救国的呼声甚高，一场针对宗教的"庙产兴学"运动随之而起，大量寺庙、道观被充为学堂，甚至警察、地方军队和各种团体也堂而皇之地占用，这反映出人们对宗教信仰、宗教体制神圣性的淡薄、否定。新文化运动时期，一批文化主将从理论上质疑宗教，正如胡适所指出的那样，"对于社会上糊涂公认的行为与信仰也要质疑"。基于这种质疑、评判，他们对宗教教义、宗教的存在意义、宗教与其他社会意识形态的关系进行广泛的探讨，大多将宗教等同于迷信、鬼神崇拜，并对之批判、否定。陈独秀在《偶像的破坏论》中提出，"天地间鬼神的存在，倘不能证明，一切宗教，都是一种骗人的偶像：阿弥陀佛是骗人的；耶和华上帝也是骗人的；玉皇大帝也是骗人的；一切宗教家所尊重的崇拜的神佛仙鬼，都是无用的骗人的偶像，都应该破坏"②，甚至直接视道教为迷信落后而必须要革除。在《我们何故反对宗教》中，罗章龙分析道："社会是亟待改造的，宗教则强予人以不正当的安慰；社会是进化性的，宗教则有一定的偶像为归宿；实际生活的改善是人类向上的表现，宗教则宅心于超尘的想象界；人类的最大价值是尊重本能，宗教则毁灭人格，遏抑个性；科学的真理是救拔人类的唯一途径，宗教则到处与它

① 参见许苏民：《祛魅·立人·改制——中国早期启蒙思潮的三大思想主题》，《天津社会科学》2007年第2期。
② 《陈独秀著作选》第一卷，上海人民出版社1993年版，第391页。

刺谬",因此"宗教不消灭,人类无形的仇视状态,将永无止境"。① 北大教授王星拱进一步指出,宗教有三大根本缺陷:一是违反科学的分析方法,所得之结论不是建立于对不可知事物的研究之上;二是以不知为知,禁锢了人的思想,限制了学术发展;三是陷入"唯心的建造之危险中",把知识建在神秘的基础上。正是在这种理论的支配下,"非宗教"运动于二十世纪二十年代兴起,中央大学教授邰爽秋于 1930 年底再度提出庙产兴学方案,主张"打倒僧阀、解散僧众、划拨庙产、振兴教育"。

第二节　宗教伦理日渐式微

社会主要矛盾的改变引发了伦理主题的嬗变。鸦片战争失败后,中国逐步由封建社会变为半殖民地半封建社会,中国社会的主要矛盾由地主阶级与农民阶级的矛盾演变为帝国主义与中华民族的矛盾以及封建主义与人民大众的矛盾。"半封建"要求"启蒙"继续进行,"半殖民地"则将"救亡"提到当时中国人最为重要的议程上来。在相当长的时间里,中国近代宗教伦理在救国救世层面积弊很深,救国救世伦理精神欠缺,救国救世伦理践行乏力,已严重桎梏了自身的健康发展。

一、救国救世的历史使命

宗教的伦理内涵决定了宗教的救世要求。从教义来看,各宗教都有利他的精神与要求。佛教强调慈悲的重要性,唐释道世在《法苑珠林》中指出:"菩萨兴行,救济为先;诸佛出世,大悲为本。"②自度度人、自觉觉人、自利利他的菩萨行一直备受倡导,由慈悲观念可直接导出以"众善奉

---

① 罗章龙:《我们何故反对宗教》,《非宗教论》,巴蜀书社 1989 年版,第 26—29 页。
② 《法苑珠林》卷六四,《大正藏》第五十三卷,第 774 页中。

行"为外在表现的利他精神。道教更是以强烈的"应天"救世精神来标榜,以解救世俗之人摆脱世俗为目的指向,将救人与救世结合在一起,具有以尊道贵德为本、以达乎时变为用的精神。葛洪从理论上论证了信仰者必须用现实的发展的眼光看待一切事物,必须以国家民族大计出发,以权变之术看待政治。张角则从实践上提出"苍天已死,黄天当立。岁在甲子,天下大吉"的救世号角,直接批判当时的现实政治。脱身于犹太教的基督教,自产生那刻起就突出爱的诫命,以至于基督教被称为爱的宗教。为了体现上帝的"爱",为了赎罪和承担责任,基督徒在世俗生活中就要关心他人,救助社会疾苦。在近代中国,动荡的政治局势、战争的频繁使得百姓流离失所、生活困苦乃至丢掉性命,这要求各宗教都应发挥利他的精神,发挥救世济世功能。

　　救助社会疾苦与国家救亡紧密联系在一起。不同于以往,中国近代经历了空前的民族灾难和巨大的社会变革,"中国向何处去"的问题成了时代的中心问题。①"中国向何处去"这个时代的中心问题,要求每一种文化形态都必须回答中国当前的现实问题。民国初年,基督徒谢恩光感慨地说:"国人今日感受之苦痛:内苦耶,外苦耶;天然苦耶,人为苦耶。国家危亡之苦:灵魂堕落之苦,迷信愚昧之苦,小人无忌之苦。"②百姓困苦的解救与国家的救亡被捆绑在一起,甚至国家的救亡成为解决百姓困苦的前提,各宗教也要回答如何救国这个现实问题,必须为救国进行伦理上的阐释,为宗教徒的救国行为提供伦理上的论证。

二、救国救世伦理精神欠缺

　　清末以来,以佛教、道教为代表的中国宗教在教理教义上陈陈相因,

---

① 参见《冯契学述》,浙江人民出版社 1999 年版,第 2 页。
② 谢恩光:《谢辑华人接受基督教》,《东传福音》第十七册,黄山书社 2005 年版,第 137 页。

避世、厌世特征明显,出世倾向甚至压倒入世倾向。宗教给人以天堂、仙境等彼岸世界的许诺,当世人在现实中不能实现抱负,处处碰壁,看不到现实的出路时,往往会委身于宗教,隐避山林,不问世事。道教本为"出世法,即为入世法,两而化实一",可近代道教徒大多遁世求仙,不问世事,"更有深林寂壑,痼癖烟霞,蓬莱方丈,谬托神仙,理乱不知,黜陟不闻,于物与民胞毫无系念,自为计则得矣! 如苍生何? 如世界何? 尤其甚者,硁硁自守,顽石难移……惟以募化为生涯,疏懒为事业,在人类中为寄生物,为附属品",无怪乎近代道教"之如江河日下,而为社会所鄙弃,地方所摧残"。① 鸦片战争时期,突破宗教戒律的现象甚至时有发生,当时在广东的佛、道二教,表面上仍然为社会大众所信仰与供奉,"实则式微已甚,并无高僧高士说法谈道。除隐居惠州之罗浮,或肇庆之鼎湖,或广州之白云诸山寺观中者外,其混迹城市(如广州之光孝、六榕、长寿、海幢四寺,即'四大丛林'及三元宫等)之僧道,则多为人家打斋诵经,俗不可耐,甚有尼庵容污纳垢,暗藏春色者。至道教之'南无先生'更等而下之,专藉为人拜神祈福禳鬼消灾或主持丧葬,无非为糊口计而已。所以我们可以说,当时广东的佛道二教,已沦为庸俗下乘的多神教或邪教(Pagan),而失却道德的或哲学的崇高意义了"②。由于现实的落魄表现,人们纷纷将批判的矛头指向宗教。十九世纪六十年代初,王炳燮在《毋自欺室文集》中说:"佛老之教,或宗清静,或主空寂,离垢去欲,无干法纪,卫道之士,犹深恶之,为其外伦常,而言道德也。"③沪上学人蒋敦复尖锐地指出:"中国异端之害,古有杨墨,今有释老。释近墨,老近杨,二氏之教,世主尝奉之。"④即使民国成立之后,在这个多事之秋,"人心

---

① 参见《道教会布告》,《藏外道书》第二十四册,巴蜀书社 1994 年版,第 474 页。
② 简又文:《太平天国典制通考》下册,(香港)简氏猛进书屋 1958 年版,第 1574 页。
③ 王明伦选编:《反洋教书文揭帖选》,齐鲁书社 1984 年版,第 27 页。
④ 王明伦选编:《反洋教书文揭帖选》,齐鲁书社 1984 年版,第 33 页。

思乱,尚奇好异,邪道丛生,妖言日炽,煽惑愚人,敛钱财华美妻子,聚众人位自尊荣,一味欺心害理"①。在此境况下,算命、相面、抽签算卦、巫婆神汉、设坛扶乩、风水堪舆等诸种世俗民间活动及迷信思想逐步蔓延,不仅流行于农村,也流行于城市,甚至波及知识界。上述观念甚至与传入中国的西方"灵学"走到一起,假借"科学"的旗号,鼓吹灵魂不灭观念,宣传有神论思想,各种组织及其刊物、书籍相继出笼。"上海灵学会"接二连三地在报纸上作广告,宣称:本会同人研究新学,组织灵学会,设有盛德坛,遇有精微不可通之故,辄借经于扶乩,以递人鬼之邮,以洞幽明之隔。"北京悟善社"的《灵学要志》公然标榜该刊为"神圣仙佛乩劝世兴教救劫之书","悟善社者,神之托于人以劝天下之善,而为民请命者也",并认为"鬼神之说不张,国家之命遂促"。② 赵紫宸在 1935 年的《真理与生命》杂志上,撰文批评佛道二教:

> 今日则不然。道教已一蹶不振;除却迷信,绝无所存,已不成为宗教的势力,老庄之学,仅为哲学而已,与所谓宗教的道教,了无关系,佛教方面,虽有复兴之象,亦自顾不暇;卓荦之材,已甚罕见,切磋琢磨的接触,可谓等于零。孔教则受了新思潮打击的致命伤,虽有大人先生们的救治,亦似病入膏肓,华佗再生,恐难肉白骨于莽原,在这种状况之下,老百姓小百姓可以迷蒙于妖狐险怪,牛鬼蛇神之说,一如邪派的耶教徒立等耶稣再来的那种光景。而有识之人皆淡然无问,委蛇委蛇地超绝于任何宗教之外。其间扶乩,"不问苍生问鬼神"的固然仍有;吃斋念佛,"消灾延寿药师佛"的固然仍有;然

---

① 汶水居士:《太上老君说清静经原旨》,《藏外道书》第三册,巴蜀书社 1994 年版,第752 页。

② 参见肖万源:《中国近代思想家的宗教和鬼神观》,安徽人民出版社 1991 年版,第 6 页。

其程度,皆未必高出于老小百姓的自求多福。①

赵紫宸的论述描述了中国宗教的现状,显然这种状况反映出中国宗教欠缺救国救世的伦理精神。民国时期,基督徒谢恩光在谈及国人之呼声时,这样描绘:

> 救国! 救国! 救亡! 救亡! 非我国人之呼声乎。君宪救国、教育救国、实业救国、铁路救国、储金救国、自觉救国、自责救国、知耻救国、振兴国货救国、振起国魂救国、扩张海陆军救国,非皆今日号召之旗帜、主张之宗旨乎。政府之命令,救亡救国;社团之函电,救亡救国;文武百官之吁恳,救亡救国;公民团体之请愿,救亡救国;文人学子之讨论,救亡救国;街谈巷语之口头,救亡救国。内有举国男女之相戒,外而友邦女士之忠告,莫不曰救亡救国……大矣哉,救国之事业也,其我国今日独一无二之问题乎。②

在这场救国运动中,地主阶级、农民阶级、民族资产阶级、无产阶级无不积极参与其中,唯独缺少宗教界的声音。当人们对传统宗教伦理存在的现实合法性与客观依据提出疑问乃至否定时,要么进行时代的革新、跟上时代步伐,要么墨守成规、被时代抛弃。

在中华文化发展的漫长历程中,佛道二教形成了忠君观念,由忠君而爱国。随着宗法制度的土崩瓦解,一家之国的合法性受到质疑,忠君的观念更是受到批评,以佛道二教为代表的中国传统宗教在摆脱避世、

---

① 赵紫宸:《中国民族与基督教》,《本色之探——20 世纪中国基督教文化学术论集》,中国广播电视出版社 1998 年版,第 29 页。
② 谢恩光:《谢辑华人接受基督教》,《东传福音》第十七册,黄山书社 2005 年版,第 135 页。

厌世倾向的同时,还要完成从"救一家之国"到"救中华民族之国"的转变。相对于佛教、道教而言,基督教遇到的挑战更大。在清末民初,大多传教士宣扬基督教的普世性,宣扬基督教伦理的超越性,忽视乃至否定特殊性、处境性。早期传教士花之安一再强调上帝之国的重要,"讲道之大端,为作证救世之主已临,上帝之国已至,信救世主在悔改,入上帝国在信福音,劝善绝恶是其要领"①。有了这样理论上的论证,进入中国的基督教是不可能具有救国救世伦理精神的。况且,许多传教士以各自国家的一员自居,与各国列强狼狈为奸,参与侵略行为,与救国救世的伦理精神背道而驰,国人也毫无疑问地将基督教冠以"洋教"的名号。如果不摘除"洋教"的称谓,基督教伦理无从本土化,也无从在中国扎根。

三、救国救世伦理践行乏力

救国救世不仅需要理论上的论证与倡导,还需要切实的道德实践。二十世纪四十年代,徐松石在总结近代中国宗教发展时,认为儒释道在近代十分衰退,"或则困于科举,或则困于迷信。国家一方面受不起西方经济与武力的侵袭,一方面自己内部又渐渐地酝酿着政治的经济的社会的和文化的等种种空前绝后的伟大改革。于是国祚衰微,民生憔悴。有志之士,竟随着西方人而把国家衰弱的全般责任,都推到儒释道身上。于是国人遂多连带认定一切宗教都是祸国殃民之物,基督教也当然不能例外"②。由于国人对宗教持负面印象,作为宗教内涵的宗教伦理被批评、否定当然也就很好理解。除了这外在原因,宗教界自身也有不可推卸的责任,特别是僧侣、道士现实的堕落行为使得佛教伦理、道教伦理的

---

① 花之安:《马可讲义》,《东传福音》第十三册,黄山书社 2005 年版,第 100 页。
② 徐松石:《中华民族眼里的基督》,《东传福音》第十七册,黄山书社 2005 年版,第 891 页。

劝善教化功能式微,佛教伦理、道教伦理所宣扬的救世精神缺乏说服力。

近代之前,佛道二教在生命关怀、社会救助、国家救亡方面的行为,集中体现为放生与布施等行为上。随着社会的发展以及近代中国所遇变局,传统的救助方式已严重落伍,原有的救亡行为也十分乏力。基督教的社会救助方式给中国传统宗教的救国救世观念与行为提出挑战并提供借鉴。传教士为传播福音,使中国人皈依基督教,甚至是基督教征服中国,纷纷创办医院、开办学校、翻译书籍、创办报刊。从动机来看,这些行为大多并非为了救国救世,但从客观效果来看,缓解了部分国人的困苦,挽救了许多人的生命,培养一批人才,在一定程度上有助于救国救世,起到了加速中国宗教伦理近代化的效果。1936 年,吴雷川在回顾基督教近百年成就时,认为基督教在社会救助方面的行为促进了基督教在华的发展。

> 至于现时在中国流行的耶稣天主两教……有几件事情是必须提及的,就是:(一) 教育事业,(二) 医药事业,我们决不能因为现时公私立的学校医院已遍于全国而忘了基督教开创的前劳,还有(三)社会服务事业,(四) 学生事业,最初是基督教提倡,至今仍是基督教特殊的工作,这也早为一般人士所公认的了。[1]

但是在相当长的时间里,西方传教士只是把社会救助视为传播福音、皈依上帝信仰的手段,一些传教士甚至与西方殖民主义者沆瀣一气,这显然不能从根本上体现基督的救世伦理精神,更不用说救国伦理精

---

[1] 吴雷川:《基督教与中国文化》,《东传福音》第十七册,黄山书社 2005 年版,第 729 页。

神了。

以佛道为代表的中国传统宗教在救国救世道德实践上表现无力。宗教要发展，就须以世人的需求为着眼点；宗教伦理要扩大社会影响，宗教徒、宗教组织就须有切实可行的道德践行。近代中华民族的处境要求各宗教不应只停留于口头上的劝善，而应彰显救国救世的能力。就这个问题，基督徒谢恩光说："我国之有今日，非形式上之故，精神上之故；非外力强大之故，内力萎苶之故。盖缺乏履行道德之能力，而不适于二十世纪故。"[①]显然，兴办教育、医院、报刊等形式是宗教伦理践行的新载体，能够为救国救世任务提供有效支持，而佛道二教还固守传统的救国救世方式，形式上已经落伍，效果上也已乏力。花之安批评说："释道二教，立意亦然，徒有劝善之言，究无致善之力。观其效，则知其力；由其力，可知其道。夫起沉疴者，药石之力也，投以药石，不收药石之效，则庸药耳；致为善，道理之功也，语以道理，不见道理之功，亦庸道矣。此人道所以不能致善。而福音之道，圣神之功，为万不可缓也，疗疾、善药、治心、善道，异曲同工……惟耶稣一教，首治病源，继而频频培保，故能刚健以行，精力日盛，可除各种疾病，可修各种懿德，择善君子，遵而行之，心所愿也。"[②]即使出入于佛道的郑观应也认为："今之僧道只知建醮超幽，未闻有行一善举如耶稣、天主教设学校以教人，创医院以治疾病者。"[③]由此可见，能否改变救国救世伦理精神欠缺和救国救世伦理践行乏力的局面，成为中国宗教、中国宗教伦理能否顺利实现近代化的一个关键所在。

---

① 谢恩光：《谢辑华人接受基督教》，《东传福音》第十七册，黄山书社2005年版，第136页。

② 花之安：《马可讲义》，《东传福音》第十三册，黄山书社2005年版，第130页。

③ 《郑观应集》上册，上海人民出版社1982年版，第538页。

第三节　基督教伦理本土化色彩淡薄

基督教在华传播的主要障碍在于头戴"洋教"称号,基督教伦理在华影响受限主要因为被冠以外来伦理。基督教伦理能否消除外来伦理文化身份,能否祛除"洋"的色彩、完成本土化,就成为中国宗教伦理近代化过程中的一个突出问题。

一、基督教伦理与殖民主义纠缠不清

近代基督教来华的情境,使基督教伦理与殖民主义难以划清界限。基督教,一个宣扬爱人如己的宗教,一个宣扬传播福音的宗教,当再次传入中国时却倚恃"治外法权"的庇护而走向了反面。当把传教事业与殖民扩张同步进行时,布道声和大炮声合奏出殖民主义者侵华的狂想曲,有些传教士甚至用基督教伦理来为他们的侵略扩张行为作辩护,"多一个教徒、少一个中国人"成了十九世纪中后叶的一句流行语。一些传教士直接参与西方列强的侵略行为,郭实腊、裨治文、伯驾、卡勒利等传教士为实现"中华归主"的目的,曾分别协助英、美、法等国代表胁迫清政府缔结不平等条约。有的传教士在中国各地勘察地形、搜集情报,美国传教士斯贝杰(J. Speicher)毫不掩饰地说:"在美国领事与美国传教士之间,有一种具体的谅解存在,即后者受命把所在地的一切情况向领事汇报。"①德国公使巴兰德则毫不隐讳地要求山东教团,必须把"德国为娘家",具有"彰明昭著的民族的和德意志的性质"。来山东布道的传教士中,有的身上少有宗教气质,如安治泰之流甚至被西欧史家看成"扩张本

---

① J. Speicher, *The Conquest of the Cross in China*, New York, 1907, p.175.

国海外势力热烈的鼓吹者",公然为德国出兵山东出谋划策。① 传教士在中国的活动又得到了他们本国政府"赤裸裸的武力"支持。② 1868 年扬州教案一发生,四艘英国军舰前往南京,以示威慑。1870 年天津教案一爆发,英、法、德、美、俄等国公使马上向清政府提出"抗议",各国军舰云集天津口外。在为王炳燮的《毋自欺室文集》作序时,李鸿章就这样描述当时的情景:咸丰十年,天津用兵,举戈犯关,逆焰鸥张,可谓极矣。然竟不敢据有城邑者,诚畏中国人民之众也。故但要为盟约,以通商广取中国之财利,即以传教阴为邀结。今既准其传教,愚民无知,易受笼络,一入其教,则人心但知有教主,不知有国法矣。此其动摇国本也。《中美天津条约》第二十九款:耶稣基督圣教又名天主教,原系为善之道,待人如己者,亦如是施于人。嗣后所有安分传教习教之人,当一体矜恤保护,不可欺侮凌虐;凡有遵照教规安分传习者,他人勿得骚扰。《中英天津条约》第八款:耶稣圣教暨天主教,原系为善之道,待人如己,自后凡有传授习学者,一体保护,其安分无过,中国官员不得阻止。由于不平等条约的无理规定,在中国内地的一些教堂占有大量土地,有的占有良田千余亩,甚至有自己的武装,实际上成为封建庄园。③

这种建立在不平等条约基础之上的传教自由非常脆弱,基督教伦理也很难深入人心。正如吴雷川所言:"原来宗教与学术,总是要人心中受感自由信奉,决不应藉着任何势力来推动它……乃不幸这末一次的基督教来到中国竟是利用外国的武力,在订立不平等的条约中,强迫着中国

---

① 参见陶飞亚:《边缘的历史——基督教与近代中国》,上海古籍出版社 2005 年版,第 5 页。
② 杨天宏:《基督教与近代中国》,四川人民出版社 1994 年版,第 14 页。
③ 肖万源:《中国近代思想家的宗教和鬼神观》,安徽人民出版社 1991 年版,第 10 页。

用政治的势力来保证传教,开千古未有之创局。"①他进一步指出,"一次一次的赔款割地,国家丧权,人民痛苦,当时纵然忍受屈服,事后无视创伤,痛定思痛,怎能不怨恨于基督教?……这种冲突若不能解释,无论你讲说仁爱或讲说公义,都不能有所依据,又怎样能希望将基督教的道理栽种在中国人的心里?……这就是中国基督教根基不固的主要原因了"②。上述情况是造成了基督教在中国根基不牢,也造成了基督教伦理难以本土化。

西方列强庇护下一些传教士劣迹斑斑,为其所宣扬的宗教伦理戴上了恶名。中国传统伦理十分推崇道德楷模的作用,像孔子一样的道德宣讲者本身即是道德楷模、道德完人,孟子说"圣人,人伦之至也"③。在日常生活中,普通百姓、一般民众在言说、行为时都以这种道德宣讲者为榜样,道德修行的目标、人生的崇高理想也是成为像尧舜禹、文武周公那样的道德楷模。西方传教士来到中国后,一些传教士利用各种特权,以战胜国的公民自居,干涉中国法律,甚至胡作非为。美国传教士李佳白于1901 年在美国出版的《论坛》杂志上,发表了题为《抢劫的伦理学》,为传教士和八国联军在华的抢劫、烧杀辩护。美国旧金山《呼声报》,对李佳白这篇奇文的发表大为吃惊,该报编辑撰文说,以前一直认为基督教伦理学除了讲公义之外,别无他物,而今居然由传播基督教义的传教士在伦理学里添加了"抢劫"的新内容,而且据说还是"一种高级的伦理

---

① 吴雷川:《基督教与中国文化》,《东传福音》第十七册,黄山书社 2005 年版,第729 页。
② 吴雷川:《基督教与中国文化》,《东传福音》第十七册,黄山书社 2005 年版,第729—730 页。
③ 《孟子·离娄上》。

学"。^①在西方列强的庇护下，一些传教士的行为，使基督教一度臭名昭著，为其宣扬的宗教伦理冠以恶名。1855年，法国巴黎外方传教会的神甫马赖在广西西部西林县，勾结贪官强盗，藏匿杀人犯，奸淫妇女，禁止教徒祭祀祖先。1856年，马赖的恶行引起当地百姓的公愤，新任知县张鸣凤秉公执法，将其处死，此即"西林教案"。以后纷至沓来的教案，大多与传教士的恶行有关。1861年的《湖南合省公檄》列举了十条当时风传的基督教的毒害，"从教之人，先本清白，自立誓吃水后，必作怪发狂"，"伊原习房术善战，而妇女亦贪恋而甘悦之，故被采战者视本夫如粪土。此其教行于衣冠之族，皆易为平康乐户，犹害之小焉者也"，"该教有吸取童精者，迷骗十岁以外童男"，"该教诱人，先持银钱，而不知受伊利者，即受伊害"，"劝教者，有装算命看相，散布四方，男女不一"。^②基督信徒洪孝充曾这样描绘当时境况："当一千八百六十九年（前清同治己巳年），伦敦传道会始营教堂于广州佛山镇。落成之日，男女教徒齐集聚会，继以筵宴，土人聚立于门外以观看，嗣有无赖之徒，称言男女混杂，有伤风化，继又有谓堂内建有秘密房舍，诱拐妇女，行为不端者，于是一唱百和。"^③虽然洪孝充为传教士与基督教作辩护，但无疑表明了人们对基督教、基督教伦理的敌视，这种仇视为基督教伦理的本土化增加了更大的阻力。

二、基督教伦理与本土伦理相冲突

作为异质伦理，基督教伦理与中国本土伦理的隔膜、冲突在所难免。特别是早期传教士所传播的伦理观念与中国本土伦理观念格格不入，中

① 顾长生：《从马礼逊到司徒雷登——来华新教传教士评传》，上海书店出版社2005年版，第335页。
② 王明伦选编：《反洋教书文揭帖选》，齐鲁书社1984年版，第3—5页。
③ 洪孝充：《洪辑华人接受基督教》，《东传福音》第十七册，黄山书社2005年版，第100页。

国人对基督教伦理自然产生抵制情绪。回顾基督教在中国的百年发展历程时，刘廷芳认为基督教遇到的最大困难是反中国社会制度中的伦理观念，没有能给信徒及社会提供一种明了的新伦理观念、伦理指导，"基督教在中国今日急不容缓的工作便是对于中国人今日日常生活上所需要的伦理问题，须有一种彻底的研究，具有系统的说理，作今后一切事功的原则，作宣传福音的张本"①。一直到1935年，赵紫宸在谈基督教与中国文化时还说：

> 我曾听人说基督教不能深入中国，是因为基督教本身与中国文化相龃龉；因为中国人祀祖宗，基督教嫉视祭祖宗；中国人重男轻女，许男子娶妾，不许女子失节，而基督教则坚持一夫一妇制，绝不稍为容让；中国人重其在上者，基督教则主持平民主义；中国方兴国家的思想，基督教则欲破除国家种俗的畛域；中国人注重过则不惮改，基督教则注重人不能自救，须痛心疾首的忏悔罪过，以邀上帝的垂援；中国人欢喜优游自得，基督教则与墨子之教相近似，专以自苦为极；中国人大都不信人格神，基督教则全以人格神为中心信仰；中国人不善于组织，基督教则注全力于教会与夫教会的典章，制度，遗传，神学。②

如果说赵紫宸是从理论上分析基督教伦理与中国本土伦理的差别与冲突的话，那么太平天国则在实践上为弥合二者之间的缝隙进行了尝

---

① 刘廷芳：《基督教在中国到底是传什么》，《本色之探——20世纪中国基督教文化学术论集》，中国广播电视出版社1999年版，第121页。
② 赵紫宸：《基督教与中国文化》，《本色之探——20世纪中国基督教文化学术论集》，中国广播电视出版社1999年版，第28页。

试。在分析太平基督教的伦理系统时,简又文认为太平基督教的伦理系统有许多优点,大体上趋于中国化,但有两个致命的缺陷:

> 其一,中国的伦理学所注重的种种德性,诚为人生基本的道德需要,但日渐流为严格的规则,细节、方式,琐碎支离,且过重仪式而忽略实际,此与基督教之注重精神主义而反对条文主义及形式主义者大异。太平基督教全盘吸收之,也不免承袭了这一弱点。其次,中国伦理学基于家庭人伦关系,而非以个人为本位,不能推广到人群及全人类,因此无普遍化的及社会化的伦理观。基督教尊崇每个人的人格——人与人之间之伦理大原则是为"爱"。天人相爱、人人相爱,这是高于一切而尽包一切的原则。由此而发生同情、慈悲(怜悯)、服务、牺牲等等高尚的社会的品德,而且凡人对天对人一旦有爱心爱行,其他种品德,自然具备了……无奈太平基督教没有表现个人关系及社会秩序必须以爱为原则之观念,也没有揭橥儒家的仁道,所以发生许多不满意的后效……换言之,因为洪冯等究为认识基督耶稣之奥妙道理与真正精神,而只得了基督教的皮毛——零碎的局部的内容,而即以儒教伦理之全部容纳于其系统中……①

事实上,太平基督教伦理系统的缺陷,不只是由于他们认识上的缺陷,还由于二者有根本性的差异。

第一,原罪观念与性善观念。在基督教看来,上帝创造了人类,但人类背弃上帝意愿,就有了"原罪"。由于人有自由意志,必须为自己行为的后果承担责任,人类也就踏上了赎罪和救赎的征程,因此罪的观念与

---

① 简又文:《太平天国典制通考》下册,(香港)简氏猛进书屋 1958 年版,第 1814—1815 页。

责任的观念就紧密联系在一起,成为基督教徒人生价值观的核心。在一定意义上讲,基督教伦理学就是一种罪—责伦理学。早期大部分传教士带给中国人的是强调人类罪孽和必须通过超自然过程进行拯救的传统基督教原则,这些原则对对世界持自然观念的中国来说非常新鲜,人性善的固有观念也使他们认为基督教是不合理,且与中国文化背道而驰的。[①] 在1874年撰的《创世纪问答》一书中,传教士狄考文大肆宣讲亚当与夏娃的人类第一罪。[②] 在1874年撰的《马可讲义》一书中,德国传教士花之安在解释当日中国为何危险艰难、困境重重时,直言乃由人的罪而来。[③] 中国的本土伦理一直宣扬性善论,大多传教士也照本宣科式地宣扬原罪观念,因而当时的知识分子要么对之无动于衷,要么在理解上背道而驰。孙宝瑄在《忘山庐日记》中说,亚当夏娃“违犯神禁令,为神所逐,罚其受老死病苦,于是所生子孙,皆有生老病死”,并断言“所谓犯禁令着,在神谓之逆,在人间谓之顺”。[④] 不少基督徒特别是早期传教士在道德上持优越论,在文化上不宽容,宣扬基督教伦理时会贬低乃至完全否定中国本土伦理,宣扬“今之宗教,所言道德,孰能逾于基督教哉。故吾侪守其道,不可须臾离”[⑤],认为“子与氏谓人性皆善,仁义礼智非由外铄我也,我固有之也。此不过激人强为善而已。原其意未始不善,未免矫枉过正,细察人心,罪根固结,随时而显矣”[⑥],这样的言论进一步激化

---

① [美]邢军:《革命之火的洗礼:美国社会福音和中国基督教青年会 1919—1937》,上海古籍出版社2006年版,第59页。

② 参见狄考文:《创世纪问答》,《东传福音》第十三册,黄山书社2005年版,第11—12页。

③ 参见花之安:《马可讲义》,《东传福音》第十三册,黄山书社2005年版,第186页。

④ 孙宝瑄:《忘山庐日记》上册,上海古籍出版社1983年版,第458页。

⑤ 洪充充:《洪辑华人接受基督教》,《东传福音》第十七册,黄山书社2005年版,第121页。

⑥ 花之安:《马可讲义》,《东传福音》第十三册,黄山书社2005年版,第129页。

异质伦理文化的隔膜、冲突。

　　第二,上帝面前人人平等观念与重等级秩序的纲常伦理。中国传统伦理推崇敬亲、孝父、忠君,强调爱有差等,重视祭祀祖先。在一定意义上讲,近代之前以佛教伦理、道教伦理为代表的中国宗教伦理的发展过程,就是一个逐步凸显宗法特征、日益强调纲常色彩的过程。在中国化的过程中,佛教伦理从对君王的不敬和对孝道的漠视,逐步演变为对王法的尊重和"大孝"的提出;道教伦理所反映的等级观念与等级秩序更为明显,道士的等级阶次十分细致,反映信徒内部伦理秩序和仙品等级的道教法服日益繁化,以佛教伦理、道教伦理为代表的宗教伦理与以儒家伦理为代表的世俗伦理,在绝大部分时间里能够和谐相处、共融共存。在基督教看来,上帝赋予一切人平等的权利与自由,特别是基督教伦理强调信徒要有对上帝的信德,反对偶像崇拜和祭祀祖先等活动,一些传教士甚至自诩为道德的改革者,将异教伦理规范清除掉。中国士大夫、乡绅对这种教义、观念是无法容忍的,认为其"悖离败伦"、"斩吾根本"、"推翻中国数千年来的礼教伦理"。王炳燮指出天主之教,"其大罪有八",其中"奉(耶稣)为教主以教天下后世,是率天下后世皆为无父无母之人矣。此其大罪一也","先拜天主,次行平礼,是率天下皆为无君之人矣。此其大罪二也","蔑弃伦常,无礼无义,并无廉耻。为恶已极,而犹动云劝人为善,此之谓诬人。其大罪四也","自天子以至庶人,莫不有祖宗……今天主教曰,人死无知,不必立主,祖宗不必祭祀,灭子孙爱敬之心,败国家孝治之化。此其灭绝祖宗,不如豺獭,大罪七也",[1]并进一步指出基督教紊乱纲纪伦常,弃绝廉耻礼义,对之更是痛心疾首。

　　第三,男女平等观念与男尊女卑观念。在中国传统伦理中,男尊女

---

[1]　参见王明伦选编:《反洋教书文揭帖选》,齐鲁书社1984年版,第24—27页。

卑的观念是纲常伦理的延伸与展开。汉代董仲舒提出的"三纲"中有"夫尊妻卑"一纲,男女的关系、地位被纳入夫妻之伦,而"罢黜百家,独尊儒术"的政策则将这类思想与观念贯彻到普通民众之中。到了宋代,程颐"饿死事小、失节事大",本意是依照儒家伦理基本原则对当时既有规范的强势肯定,是儒家"舍生取义"的另一种形式体现,但从实际效果来看,则无疑强化了男尊女卑的观念。在近代,男尊女卑观念在社会现实中具体表现为女子缠足、男子纳妾、溺女、女子多文盲等。基督教中的男女平等观念,是上帝人人平等观念的具体展开,但对男女平等观念的宣扬触及了中国本土伦理的敏感部位,士大夫、乡绅、百姓难以接受。譬如,山东德平地区的反教传单里写道,基督教"行事不敬神,不敬先人,不学孔孟,不知礼仪,丙(并)无人伦";义和团运动时期的揭帖,则怒斥基督教"不敬神佛忘祖先,男无伦,女鲜节"。①

第四,出世色彩浓厚的人生观与积极入世的人生观。一般认为,中国人的宗教观念较为淡薄,中国文化是一种入世文化,强调"穷则独善其身,达则兼济天下"、"自强不息"、"制天命而用之",主张在现世世界中修身齐家治国平天下,于是豁达乐观、积极进取成为国人的人生态度,立德、立功、立言的"三不朽"和止于至善成为国人的人生理想。在近代特别是在十九世纪下半叶,西方传教士大多热衷于上帝全知全能、人类原罪、耶稣神迹、朝拜仪式的宣讲,对基督教伦理思想宣传的力度较小。从形式上看,十九世纪下半叶在中国传播的基督教伦理类似于欧洲中世纪的基督教伦理,强调上帝道德诫命的唯一权威性,一般将委身于上帝的单纯心灵视为一切善的根源,倡导抑制肉体欲望的禁欲主义,把教会看作神灵拯救的中介,出世倾向压倒入世倾向。

---

① 参见陶飞亚:《边缘的历史——基督教与近代中国》,上海古籍出版社 2005 年版,第 8—9 页。

不化解上述观念上的冲突,基督教伦理自然很难融入中国近代伦理的发展大潮,也难以成为本土化的宗教伦理。实践充分证明了这一点,鸦片战争以来西方教会投入了很大的人力、物力和财力,但结果收效甚微,尤其是在争取中国知识分子方面是个近乎失败的记录。

三、基督教伦理内部分歧重重

天主教伦理与新教伦理的分歧是阻碍基督教伦理本土化的一大因素。新教的产生与十六世纪在欧洲爆发的宗教改革运动捆绑在一起,路德、加尔文等改革家旨在剥夺罗马教皇垄断圣经解释的特权,试图按照更符合圣经的方式革新教会的道德现状与敬拜仪式,倡导过"廉俭"、"克制"和"清贫"的生活。明清之际,传入中国的是天主教及其伦理观念。鸦片战争后,基督新教随英、法、美、德等殖民主义者进入中国,新教伦理开始在中国传播,只是天主教伦理与新教伦理在"对外作战"的同时,内部也发生了分歧、争端。十九世纪下半叶,传教士林乐知在编《路德改教记略》时,分析了天主教与新教的区别:在论得救方面,天主教说借着功劳得救,新教说仗着信心得救;在论赦罪方面,天主教说靠教皇赦罪,新教说靠主赦罪。通过理论上的分析,他认为"既然明白两教分别的起源,于是可以辨别真假,择善而从,不善则改",指出凡是信奉天主教的国家,"如同法意西奥等,他们的人民也没有受释放得只的快乐";凡是信奉新教的国家,"如同英美德等,他们的人民多得自由,有所作为,使国势振兴",因此"更可信将来全球各国,必要都有改教的一天"。[①] 这哪是"择善而从",他分明是想通过贬低天主教伦理,抬高新教伦理,让人信服新教伦理,择新教伦理而从,以达到争夺信徒的目的。许多天主教的传教

---

① 参见林乐知编:《路德改教记略》,《东传福音》第二十三册,黄山书社 2005 年版,第 3—4 页。

士也是如此,简又文于 1926 年在为《伦理的基督教观》作序时说:"今年以来,吾国教会内新旧派之争端,虽不能说其是像在西洋那样厉害,可是久已见其端倪了。分裂之痕迹,愈弄愈宽,正当公开的谪骂和攻击,且在在可见。本书导论里所说出的西洋教会自行分裂的光景,差不多可重现于中国内。"①这种分歧、争端,使中国人无法对其形成一致的看法、理解和认同,何秋涛等人早就说过,"同一天主教,分而为三,而三大国(指英、法、俄)者各奉其一,皆欲以行诸天下,何异说之滋繁欤",信徒也无所适从。②

差会林立与观念冲突是阻碍基督教伦理本土化的另一大因素。各基督教的差会与诸列强在中国的殖民扩张联系在一起,许多差会的名前大多冠以英国、法国、德国、西班牙、葡萄牙等,固守原来的门户之间,甚至相互攻讦。在 1912 年召开的基督教全国大会上,慕德在分析中国基督教运动的弱势时指出:"凡西国活泼之基督教,皆甚望遣人传道于中国,而差会遂形复杂。各宣教士与其联络之华人,藉宗派之不同,便可容易审辨基督教之使命中何条重要,何条不重要者。"③民国成立后,王治心观察到,上海的教会分门别户,甚至为了"神"一词的诠释而各争意气。④ 1936 年,吴雷川在分析基督教为何难以融入中国文化时指出:"又如现今在中国的教会,除天主教不计外,单是耶稣教就有将近一百个名

---

① 史美夫:《伦理的基督教观》,《东传福音》第十六册,黄山书社 2005 年版,第 145—146 页。
② 参见陶飞亚:《边缘的历史——基督教与近代中国》,上海古籍出版社 2005 年版,第 49 页。
③ 全绍武等编:《基督教全国大会报告会书》,《东传福音》第十九册,黄山书社 2005 年版,第 495 页。
④ 何庆倡:《王治心的本色基督教》,《文本实践与身份辨识——中国基督徒知识分子的中文著述 1583—1949》,上海古籍出版社 2005 年版,第 280 页。

目不同的教会，它们也许能在同一地方联合起来办理地方公益的事业。但对于传教的事，却因为教政或教规不同的原故，总是不相谋，有时还要相互猜忌……然而各教会都抱着从西方流传过来的成见，认为宗派不同，合一决办不到。"①差会的林立，各传其说，损害了自身威信，人们大多认为此教以及其宣扬的伦理观念不可信。

　　传统社会的逐步崩解以及宗教伦理革新的滞后是宗教伦理备受批评、攻击乃至否定的根源所在。要解除诸多困境，宗教伦理必须紧跟时代，对现实社会变迁做出积极回应，与社会发展要求能够合拍，不得不进行艰难的近代转型。

---

① 吴雷川:《基督教与中国文化》,《东传福音》第十七册,黄山书社 2005 年版,第 730 页。

第三章　开启转型之路

　　为摆脱传统宗法伦理束缚和应对近代社会历史剧变，中国宗教伦理开启了近代转型之路。具体地讲，就是运用比附、融摄、诠释等方法，沿着回应倡导启蒙伦理思潮、凸显救国救世伦理精神、伦理互融与本土化推进等路径演进，并显现出入世倾向渐强、伦理化道路渐进、伦理共识逐步达成等特征。

第一节　方法运用

　　在宗教伦理近代化的进程中，宗教界进步人士运用比附、融摄以及诠释等方法来革新宗教伦理，以回应现实世界的变化和跟上时代发展的步伐。

一、比附

　　比附，原义为归附，引申为相关联、依傍、并列等。为了让人更容易理解、接受，人们会将自身的一些概念、观念等同于或相近于对方的概念、观念，这种方法在中国传统宗教伦理的发展过程中被经常运用。传入中土后，当佛教伦理与中国本土伦理尤其是儒家伦理发生冲突时，一些佛教学者有意识地用佛教伦理中的概念、观念比附中国本土伦理的概念、观念，认为二者并无本质区别。譬如，北齐学者颜之推用佛教的"五戒"比附儒家的"五常",认为它们都是同一性质的道德规范。明末智旭以"五戒"比附"五常",认为"五戒"即"五常"。道教也是如此,五代时期道教作品《化书》将道、德与仁、义、礼、智、信相比附,认为双方能够互相贯通。可以说,佛教伦理、道教伦理与儒家伦理相比附的现象,一直贯穿于中国宗教伦理的发展史。到了近代,比附的方法在中国宗教伦理近代化的过程中被继续运用,只是在运用这种方法时已有了新的内容和特色。

第一,宗教伦理与新伦理相比附。在传统社会,儒家伦理支配中国传统伦理的发展变迁,各宗教伦理于是纷纷比附儒家伦理。到了近代,儒家伦理权威逐步被打破,神圣化的纲常伦理遭到解构,倡导启蒙与救亡的新伦理思潮大行其道,各宗教伦理随即不约而同地转向对新伦理概念、观念的比附上。正是在此种基调下,各宗教纷纷从教义、典籍中寻求资源,以表达各自理论中早有这种资源,来回应世人关于宗教落伍的说法,进而试图与新伦理概念、观念达成默契。譬如,佛教以众生平等观念,道教以道为公有观念,基督教以上帝面前人人平等,来比附近代伦理思潮倡导的平等观念;佛教以慈悲观念,基督教以爱的观念,来比附近代伦理思潮倡导的博爱思想;佛教以五乘教法的精神,道教以人能成仙的教义,基督教以上帝造世的精神,来比附近代的进化伦理。正是通过这种比附,他们或者认为二者完全一致,或者认为二者能够相互贯通,或者认为前者高于后者,主要还是为自身存在的合理性以及自身理论的至全、至高与至善辩护。

第二,宗教伦理与儒家伦理相比附。在近代,儒家伦理的神圣性与权威性不断遭到破坏,但仍是大多数中国人的行为指南,仍具有广泛的社会影响。或出于复兴的目的,或出于传播的需要,各宗教伦理都不同程度地比附儒家伦理,其中基督教伦理所做的努力尤多,取得的成效也尤为突出。鸦片战争之后,基督教在中国的发展屡屡受阻,特别是教案频发,使得许多传教士越发意识到调适基督教伦理与中国本土伦理冲突的必要性和迫切性。十九世纪六七十年代,美国传教士林乐知在《教会新报》上撰写文章,用《圣经》中的话语、事例以及观念来比附儒家的"五伦",用基督教的上帝十诫比附儒家的君子三戒,指出儒家重视五伦、基督教亦重视五伦,基督教有上帝十诫、儒家亦有君子三戒,双方在伦理层面上有很多相通之处。德国传教士花之安用耶稣的说教来比附孔子的说教,通过挖掘耶稣说教中的资源以比附儒家的仁、义、礼、智、信。另外,佛教伦理、道教伦理延续儒释道相互贯通的路径,譬如太虚用善生经的六方比附儒家的五伦,用佛教的十善比附儒家的五常。

第三,不同宗教伦理的互相比附。在近代中国这个动荡不安的大舞台上,各宗教为了自身的生存与发展,往往会批评、指责其他宗教,这种做法要求他们必须加深对对方的了解。同时,世人对宗教的一轮又一轮批评,特别是知识分子推动的反宗教运动,使各宗教日益认识到联合起来的必要性。于是,各宗教逐步深化对其他宗教的认识,也都在尝试展开初步的对话,并将注意力放在伦理层面,首先在十分相近的宗教伦理概念、观念之间进行比附。基督教学者谢恩光用基督教的爱与佛教的慈悲相比附,认为二者没有什么不同。佛教徒品西通过对比儒家、佛教、基督教的异同,认为它们都是殊途而同归:"孔言仁,佛言慈悲,耶言爱;孔言亲亲,佛言报恩,耶戒不孝","此同也"。① 这种以佛教的慈悲比附基督教的爱,以佛教的报恩比附基督教的戒不孝的做法,在当时佛教界产生了振聋发聩的效果。当然,宗教伦理内部相互比附的现象还比较少,这也表明宗教内部的对话还有待进一步推进。

二、融摄

顾名思义,融摄是一种通过消化、吸收对方资源并将其成为本身一

---

① 品西:《论孔佛耶三教之异同》,《佛教月报》第4期,第8—9页。

部分的方法。在中国宗教伦理发展史上,融摄的方法经常被运用。比如,通过融摄道家修身养德与养生延命思想,儒家纲常伦理,墨家的"兼爱"、"非攻"、"尚贤"、"尚同"、"节用"、"非乐"、"天志"、"明鬼"等内容,法家应乎现实、达于时变的精神,以及与各种自然崇拜与鬼神崇拜纠缠在一起的上古传统伦理和神仙思想,道教伦理才得以产生,道教伦理体系才得以形成、完善。正是通过融摄其他理论资源,以道教伦理、佛教伦理为代表的宗教伦理在中国实现了大发展。传入中国的基督教,也在不断融摄中国本土的理论资源,并在基督教伦理与儒家伦理之间找到许多共同点,并实现了自身的持续发展。

首先,宗教伦理大力融摄新伦理观念。在近代,以倡导自由、平等、进化、道德人格为代表的新伦理观念,是启蒙者、救国者手中的理论武器,也是他们批评宗教以及宗教伦理的利器。宗教界最初常以抵制或回避的态度来对待。但是这些新伦理观念顺应了时代的发展,具有很强的生命力,宗教界也逐步认识到这些伦理观念的积极意义,并尝试将其部分融摄到宗教伦理内部,使之成为宗教伦理的一部分。

其次,宗教伦理继续融摄儒家伦理。杨文会、太虚、欧阳竟无、印光、虚云、圆瑛、王恩洋等佛教界人士都积极融摄儒家伦理,认为只有先具备了儒家的道德学问,才能成就佛教的心性境界。为了加快本土化的进程,赵紫宸、简又文、谢恩光、王治心、吴雷川等基督教界人士,以改革者的姿态,积极吸收儒家伦理中的有益资源,并认为践行儒家伦理有助于人类的救赎。

再次,宗教伦理内部的互相融摄。随着宗教之间对话的逐步深入,各宗教逐步感受到对方的独特价值,认识到宗教伦理层面的相通性,开始互相融摄对方有益的伦理资源。在这个过程中,佛教伦理中的慈悲、道教伦理中的反功利主义、基督教伦理中的爱与耶稣人格,日益受到人们的推崇。

各宗教之所以运用融摄的方法，或出于弥补自身的不足，或出于吸引教徒、扩大社会影响。因此，一个宗教信徒哪怕批评其他宗教，批评其他理论，并不妨碍他消化、吸收他方的有用资源。譬如，基督教学者高哲善在斥责佛教、道教、儒家为迷信的同时，也将对方的理论资源为自己所用。比如，他论证了女子早婚陋习的五种害处：

> 其一害于养生也。少年男女身体皆未成熟，而使之居室，则元气斩丧，害莫大焉。其二害于传种也。夫人之所以贵于万物，不在于其善孵善育，而在善有以活之，善有以成长之。盖为人父母之责任，固以传播佳种为目的也。不然，以身体与精神未足之人，滥膺于育子之责。始既以早婚以产弱子，是子弱于我躬；子复以早婚而产弱孙，是孙又弱于我子。如是递传递弱，其何堪数传而渐灭也。其三害于养蒙也。国民教育之道多端，而家庭之教育居其一焉。彼早婚者，藐躬固独有童心，一旦荷教育子弟之责任，其不娴义方而误其婴儿者，十而八九矣。四害于修学也。早婚不特为将来教育之害也，而又为现在教育之害，各国教育通例……国民资格渐趋卑下，皆由此也。五害于国计也……道德教育律法，且将扫地以尽矣。[①]

显然，上述五条理由并不全为基督教伦理所有，也不能由基督教伦理所涵盖。一是融摄道教伦理。自道教产生那日起，乐生恶死、贵生、养生的思想与观念就成为道教伦理的一大特点，以有害于养生、传种来反对早婚，是高哲善融摄道教伦理的表现。二是融摄儒家伦理。儒家伦理为每个人设定的人生路径为修身、治国、平天下，或者说，正确的人生路

---

① 高哲善：《问道津梁》，《东传福音》第十五册，黄山书社 2005 年版，第 210 页。

径为"穷则独善其身,达则兼济天下"①,早婚所造成的家庭教育的失败及国家的羸弱有悖于儒家伦理精神,以有害于传种、养蒙、国计来反对早婚成为高哲善融摄儒家伦理的表现。三是融摄新伦理。早婚有害于国民教育、道德教育、独立人格以及国家发展,无疑与新伦理精神相一致,以有害于养蒙、修学、国计来反对早婚是高哲善融摄新伦理的表现。只是从外在表现看,融摄的运用有时是潜移默化的,这与比附的运用略有不同。

三、诠释

诠释又称解释,诠释学亦称解释学。西方哲学家施莱尔马赫、狄尔泰把诠释学从神学或教义学中脱离出来,将诠释作为一种理解和解释的方法,将诠释学上升为一种关于理解和解释的理论。在伽达默尔看来,诠释者本身同样具有历史性,作为历史文本的宗教典籍与诠释者之间存在一种互动关系,也就是说,作为历史文本的宗教典籍为诠释者"输入"具体宗教的信仰、教义、仪规,而具有历史性的诠释者则赋予宗教典籍以新的内涵和精神。当翻阅中国近代的宗教文献的时候,会发现许多宗教学者对《道德经》、《南华经》、《太上感应篇》、《圣经》等各宗教典籍进行了各式的解释、释义,赋予中国宗教伦理新的内涵和时代气息。

第一,传统宗教伦理的时代诠释。社会时时翻新,宗教伦理也应跟随时代,与时俱进。民国成立后,基督徒简又文意识到,当前形势要求基督教伦理必须跟上时代,指出:"不要忘记我们是生于二十世纪为现代的中国人,现代的文化断乎不能忽略。今之提倡'中国化'的基督教者或许有偏于一端,重旧轻新,甚且变为反对西洋文化之反动派者,如此必悖乎现代潮流,赛德两先生将必不肯宽恕的,所以我们的基督教也必要是现

---

① 《孟子·尽心上》。

代的基督教。"①要近代化，就要知道这个时代需要什么样的伦理道德。太虚认为，建构符合时代发展的道德，需要了解时代需要，"察今世人类所需要之道德文化何在，随顺其欲而令得人之方便何在，所当挽回者何在，所当补救者何在，然后渐次阶进"。② 为了回应救亡救世的时代使命，印智法师认为，佛教徒应当响应"孙总理所言'救世之仁，救人之仁，救国之仁'"，从而"振励精神，弘扬教义，竭智尽力，以求贡献于社会国家，而推及于世界"。③ 彭彼得则对基督教伦理进行时代诠释，从六个方面来论证"依照基督的精神来判断，基督徒都当爱国，惟基督徒爱国更切"④。纵观近代百余年历史，宗教界进步人士把握社会脉搏，对传统宗教伦理进行了不断的时代诠释。

第二，新伦理的宗教诠释。面对新伦理思潮的风潮云涌，宗教界必须作出回应，而不能无动于衷。在 1912 年 10 月创办的《佛学丛报》的发刊辞上，创办者感慨"伦理之藩篱已破，功利之思想方张"，并对自由、平等进行佛教式的诠释，"不悟缘生之理，则自由未属完全；不发慈悲之心，则平等亦非究竟"。⑤ 创办于 1926 年的《楞严特刊》以主张佛教的改进闻名，将宣传口号确定为："革命是佛的素志！自由平等是佛的主义！扫除恶魔是佛的宗旨！"⑥这样，革命、自由、平等就有了佛教的理论意蕴。为回应自由、平等诸新伦理观念，道教学者陈撄宁提出"道为公有"、"平民有分"、男女平等等思想。高哲善则对新伦理进行基督教化诠释，

---

① 史美夫：《伦理的基督教观》，简又文译，《东传福音》第十六册，黄山书社 2005 年版，第 147 页。
② 参见太虚：《以佛法解决现世困难》，《太虚大师全书》第二十二卷，(台湾)善导寺佛经流通处 1980 年刊印，第(七)1166 页—(八)1167 页。
③ 参见印智：《正觉月刊发刊辞》，《正觉》1930 年第 1 期，第 114—115 页。
④ 彭彼得：《基督教义诠释》，《东传福音》第十六册，黄山书社 2005 年版，第 651 页。
⑤ 《佛学丛报》1912 年第 1 期发刊辞。
⑥ 《楞严特刊》1926 年第 2 期，第 9 页。

将基督教伦理打扮成社会进步的推动者，"今中国男女平权，贵贱平等，有新教化斯有新伦理矣；宗教自由，破除迷信，有新教化斯有新智慧矣；变专制为共和，以司法为独立，民权重，有新教化斯有新政治新法律矣……故曰今日中国教化之开通，莫如耶教"①。当然，传统宗教伦理的时代诠释与新伦理的宗教诠释，是宗教伦理近代化的一体两面，往往交融在一起，很难截然分开。

第三，不同宗教伦理之间的相互诠释。在近代，宗教对话日渐增多，各宗教对其他宗教伦理内涵的认识逐步深入，宗教伦理之间的相互诠释日益深入，同时相互诠释的增多又反过来推进了宗教对话进程。在这个辩证的运动过程中，对其他宗教伦理的同情者、宽容者日渐增多，诠释方法在不同宗教伦理之间的运用也更具操作性。由基督教改信佛教的张纯一，提出了佛化基督教的主张，认为基督教理论中存在许多问题，需要用佛教理论才能解释，譬如"基督教如耶稣曰：除上帝外，无一善者。究作何解？"读过佛经后就知道人由业报受身，"菩萨犹有一分未尽之无明"②。由佛教阵营投入道教阵营的张化生，认为佛道两教并无根本冲突，"来日大难，人才有几，正好携手迈进，或分道扬镳"，并对佛教伦理进行道教化诠释。信仰基督教却又对道教情有独钟的林语堂，认为不仅基督教拥有卓越的道德，道教、佛教也有卓越的道德，于是既对道教伦理、佛教伦理进行了基督教化的诠释，又对基督教伦理进行了道教化的理解。基督教学者徐松石坚持开放、宽容的姿态，指出佛教、道教以及基督教都有高尚的真理与道德，佛教伦理、道教伦理必定影响到基督教伦理，基督教伦理也必定影响到佛教伦理和道教伦理，并对佛教伦理和道教伦理进行基督教化的理解和阐释。虽然宗教伦理之间的相互诠释成果较

① 高哲善：《问道津梁》，《东传福音》第十五册，黄山书社 2005 年版，第 209 页。
② 张纯一：《佛化基督教》，《佛学出版界》1932 年第 1 编，第 125 页。

少,但这种现象和成果是实实在在存在的,并有助于中国宗教伦理的近代化。

第二节　路径选择

不同宗教学者、宗教信徒对中国宗教伦理近代化的态度、方法、方式相差很大,但大多宗教学者、宗教信徒大都沿着三条路径推进中国宗教伦理近代化,即回应倡导启蒙伦理思潮、凸显救国救世伦理精神、伦理互融与本土化推进。

一、回应启蒙伦理思潮

从总体而言,标榜启蒙的伦理思潮由三股力量汇集而成,即明清之际思想启蒙的延续、西方传入的伦理观念以及由救亡所引发的启蒙。面对这一系列浩浩荡荡的启蒙伦理思潮,宗教界呈现出漠视或否定、不同程度的认同、补充或匡正的态度,经历了一个由漠视、批评、抗拒到回应、融会、补益的过程。

第一,漠视或否定新伦理思潮和观念。一些宗教信徒墨守成规,无视外界的变化发展,漠视新思潮、新理论、新资源。中央道教会发布的《道教会布告》直指这种弊端,当"语以天演之如何淘汰,人群之如何进化"[①],许多道教徒或充耳不闻,或掉头就走。对新伦理思潮和新伦理观念的消极态度,除了漠视之外,就是对它们全盘否定。佛教信徒天磬拒斥新伦理思潮,认为所说的进化是假进化,所说的道德是假道德,"昔人爱保守,今人爱破坏;昔人尚成法,今人尚特创;昔人重古人,今人重近人;昔人是国内,今人是国外。此今昔相反之心理事实,而中国五千年来

---

① 《道教会布告》,《藏外道书》第二十四册,巴蜀书社 1994 年版,第 474 页。

声明、文物、纲常、礼乐、政刑、法度、文章、道德乃无不俱变"①。既然不知道"道德之名",就不应该奢谈进化、宣扬进化,就不应该奢谈新道德、宣扬新伦理。被称为"爱国老人"的基督徒马相伯斥责达尔文的进化论为无稽之谈,不太赞同这些新道德、新伦理。在民国成立之前,漠视或否定新伦理思潮以及新伦理观念的现象与观点普遍存在,在宗教界甚至占据主导。从根基上看,漠视或否定新伦理思潮以及新伦理观念的现象与观点,是旧的经济基础在宗教界的反应;从效果上看,漠视或否定新伦理思潮以及新伦理观念的现象与观点,背离了中国宗教伦理近代化的方向,阻碍了中国宗教伦理近代化的进程。

第二,基本认同新伦理思潮和观念。一些宗教界进步人士对新伦理思潮和新伦理观念做出积极回应,认为新伦理思潮顺应了时代要求,新伦理观念与宗教伦理基本相符,甚至与宗教伦理完全一致。基督教学者高哲善认为基督教在华易风俗、开医院、办教育的举措,促进了共和政体的建立和男女平权的实现,"有新教化斯有新伦理"②。面对国土沦亡的困境,佛教徒法舫完全认同道德救国的新思潮,认为国家救亡要武力抵抗,须有良善的内政,但救亡的根本方法,"须从人人的道德心上发起,舍此而言救国,皆枝末也"③。显然,此种观点与看法是对现实世界的积极回应,改善了宗教界的外在形象,迎合了来势凶猛的新伦理思潮和新伦理观念。

第三,补益或匡正新伦理思潮和观念。在一部分宗教徒、宗教学者看来,新伦理思潮和新伦理观念对于个人的解放、社会的进步以及国家的强盛有积极的意义,但也存在很多缺憾,这需要以宗教伦理弥补缺憾

① 天磬:《道德进化辟义》,《佛教月报》1913年第4期,第1页。
② 高哲善:《问道津梁》,《东传福音》第十五册,黄山书社2005年版,第209页。
③ 法舫:《道德救国的新思潮》,《海潮音》1932年第13卷第10号,第383页。

与不足,或者匡正偏颇与错误。辛亥革命后,风起云涌的新思潮影响到佛教界,出现了一种"凡提倡革命的叫做新,不提倡革命的叫做旧"的较为流行的看法。佛教徒文涛看到新思潮的积极意义,但不完全赞同新思潮以及划分新旧的标准,认为新旧"以合乎时代的潮流而不违佛法为标准"[①]。也就是说,宗教徒对新伦理思潮和新伦理观念的认同与吸收必须以宗教伦理为根基,必须以宗教伦理补充新伦理思潮和新伦理观念的缺憾和弊端。有部分宗教学者认为新伦理思潮发现了中国社会的"症结"所在,但没能解决这个问题,甚至于偏离了正确的轨道,对人们的道德生活和社会建设造成了很大的负面影响。宗教学者赵紫宸是持这种观点与看法的代表人物,认为新伦理思潮解放了人们的道德生活,激起了个人社会发展的欲望,赋予人们重估一切价值的权利,却没有提供生活的指南,没有为统一的人生建设提供力量源泉,也没有为人们提供一种安身立命的根基,道德的标准混乱不堪,人们的道德生活无所适从。在1948年2月完成的《基督教的伦理》中,他说:"经历了两次世界大战,无数次国内的争夺,只见人类所发挥的是人欲横流,黑漆一团……有心人要问,什么是伦理,什么是道德? 讲伦理道德,不等于痴人说梦么? 三十余年来,自从中国的新思潮运动兴起以来,人把所谓旧伦理旧道德一起打倒,把天经地义、金科玉律一概抹杀,叫人无准绳,无适从,叫人专讲利害,不问是非,不知道什么是道德,什么是不道德。提起道德来,有心肝的要头疼,没有心肝的也要头痛。文化崩溃了,伦理也崩溃了;人生毫无一点的根基。"[②]新伦理思潮顺利完成了道德解放的工作,却没有承担道德建设的任务,道德成为一种时代所崇尚的"生活调剂法",一切伦理道德处于流变中,强烈的个人要求与公认道德标准的缺乏形成了鲜明对

---

① 文涛:《新旧的标准》,《现代僧伽》1931年第4卷第2期,第242页。
② 《赵紫宸文集》第二卷,商务印书馆2004年版,第495页。

比,于是行为上的个人主义与道德上的相对主义两种倾向日益泛滥,基督教伦理可以匡正新伦理思潮和新伦理观念的缺憾,引导人类的道德生活走上正途。总之,试图以宗教伦理补益或匡正新伦理思潮和新伦理观念的观点与做法,对稳定社会的道德秩序和促进中国近代伦理的良性重构具有一定的积极意义。

二、凸显救国救世精神

在近代,救国救世不仅有政治上的意义,还有伦理上的意义。当救国救世成为时代最为紧迫的历史任务,是否支持、参与救国救世也就成为社会对个人、团体、政党进行道德评判的首要标准。时代大潮挟裹着宗教界,一些宗教界进步人士主动发声,积极回应和参与救国救世事业。

第一,对救国救世必要性和紧迫性的认识逐步深化。宗教徒是具体的,生活在具体的国家中,与国家的安危捆绑在一起,必须关注国家的危亡。面对国家的衰微和国土的沦丧,中国宗教界逐步认识到拯救自己首先要拯救国家,要解放人类首先要解放生存于其中的国家。在谈论佛教救世与救国的关系时,法舫法师说,"世界的人类,既然都过着一种战争痛苦的生活,寻求离苦得乐的心理更迫切,这正是我们佛教徒弘扬佛法的时候",以佛教解除人类的痛苦;"可是佛教徒因国家不同而有差异,所以做救世的工作,要先从救自己的国家做起,如果亡了国,事事受制于人,自己国家也没法得救,哪能谈到救全世界……倘若我们能够使中国得救,也就是全世界得救"。[①] 民国成立后,随着本土基督教学者的崛起和基督教伦理本土化的推进,一些基督徒意识到救国救世的必要性与紧迫性。基督徒谢恩光清醒地看到,救国救世已成为国人的呼声,救国救

---

① 法舫:《佛法救世与救国》,《海潮音》1941 年第 22 卷第 10 期,第 742 页。

世的事业也成为"中国今日独一无二之问题"①。与佛教、基督教不同，道教往往以民族宗教相标榜，当中华民族处于生死存亡的关头，道教界进步人士会满怀忧患意识、挺身而出。道教学者陈撄宁敏锐地意识到救国救世的时代紧迫性和历史使命感，并批评国民党当局的不抵抗主义和汪伪政权的投降政策，表现出强烈的责任意识，喊出"舍吾道教，其谁堪负此使命哉"②的时代强音。可以说，随着救国救世运动的日益高涨，许多宗教徒的救国救世意识日益强化，逐步将自我的主要身份由宗教的一分子转变为中华民族的一分子。

第二，救国救世的宗教化论证与阐释。宗教毕竟不同于其他文化形态，宗教界也不同于其他社会团体，他们对救国救世的论证方式与阐释方法有着自己的特色，即对救国救世进行宗教化论证与阐释。要救国救世，宗教界必须寻找宗教内在资源，为宗教徒的救国救世进行理论论证，以唤起宗教徒和国人的热情、信心和决心。法舫法师认为，佛教徒救国救世符合佛教伦理精神，佛教的利他精神是牺牲自己救度别人的精神，"这种利他的佛教，换一句话来说，就是'救世救国'的佛教"③。基督徒徐谦认为基督教教义有三要点，"一、牺牲，耶稣是为救国将自身一切利益，以至于身体都牺牲了；二、服务，耶稣是为救国而服事人，而不要人的服事；三、团结，耶稣是教群众与他联合成为一体，使一国的人民成为一个整的组织"④，这无疑告诉人们，救中国是每个人、每个团体的必然选择和共同任务，基督教也要参与到救国的行动中去。

---

① 谢恩光：《谢辑华人接受基督教》，《东传福音》第十七册，黄山书社 2005 年版，第 135 页。

② 参见陈撄宁：《道教与养生》，华文出版社 2000 年版，第 3 页。

③ 法舫：《佛法救世与救国》，《海潮音》1941 年第 22 卷第 10 期，第 742 页。

④ 吴耀宗编：《基督教与新中国》，《东传福音》第十七册，黄山书社 2005 年版，第 484 页。

　　第三，提出救国救世的方法与策略。就现实而言，最为重要的不是认识到救国救世的必要性、紧迫性以及对救国救世的宗教化论证与阐释，而是提出切实可行的救国救世方法。要提出救国救世的方法与策略，首先要清楚国家衰微的原因所在，只有明白了国家衰微的原因，才能对症下药，提出正确、可行的方法和策略。在佛教徒体仁看来，个人遭遇与国家遭遇都受因果报应规律支配，"有是因而后有是果，得善果者必有善因，作恶事者亦必得恶报……不但人心若此，即事业之成败，国家之兴亡，亦无不以存心向善向恶为公为己而定其生衰也"，而"国土日缩究其因不外人心之向恶也。只求一己之利益，各逞私见，勾心斗角，毫无国家观念，国亡无日矣！"①既然国家衰微的原因是人心向恶，那么救国就得先救人心，要救人心就得提倡佛教，用佛教教化人们，使他们趋善而去恶、为公而去私。对于如何救国救世，太虚提出了更为细致的方法和策略。在他看来，佛法救世要求国民应发扬佛教伦理精神，担负起社会救世、国家救世以及人类救世的道德责任，而道德责任的落实既体现在国民道德的培育上，还体现为集团的止恶行善上。对一般国民来说，既要省过修德、安分尽职，又要践行俭朴、勤劳等；对国家公职人员来说，施政要立诚为公；对由个人组成的集团来说，则要止恶行善，"非个人恶止善行能达成救世拯民之目的，必集团之恶止善行乃能达成之也"，"以集团之恶止善行，造成恶止善行大集团；使不害他之精神，融澈于民主、共产、科学，则危苦之害可除；使利他之精神，贯通于民主、共产、科学，则安乐之利斯得矣！"②在这个动真刀真枪的时代，道教学者陈撄宁认为道教徒不能崇尚空谈，须要脚踏实地修炼而致中和，以神通救国，在此基础上，"联络全国超等天才，同修同证，共以伟大神通力，挽此世界末日之厄运，

---

① 体仁：《佛教与国家》，《北平佛教会月刊》1934 年第 1 期，第 10—11 页。

② 太虚：《集团的恶止善行》，《太虚大师全书》第二十一卷，（台湾）善导寺佛经流通处1980 年刊印，第（五）721 页。

非但不赞成生西方,并且不许升天,不许作自了汉,不许厌恶此世界之苦而求脱离,不许欣羡彼世界之乐而思趋附,故异于往昔前辈神仙之宗旨"①。一些基督教界学者也纷纷提出救国救世的方案,譬如马相伯倡导良心救国救世论,罗运炎提出圣经救国论,徐谦主张基督教救国救世论,王治心主张耶稣救国救世论,赵紫宸、吴雷川等倡导人格救国救世论。

三、加速本土化进程

近代中国的剧变将启蒙者与救亡者推到了历史前台,启蒙者与救亡者显然不满意中国宗教伦理现状,中国宗教伦理尤其是基督教伦理受到启蒙者与救亡者的双重打击,存在的合理性受到双重质疑。为了实现基督教伦理本土化,基督教界进步人士逐步认识到融摄其他伦理观念的必要性和紧迫性,探讨吸收何种伦理观念以及与这些伦理观念进行何样的贯通。

逐步认识到融摄其他伦理观念的必要性和紧迫性。十九世纪中叶再次传入中国后,基督教伦理与西方殖民主义纠缠不清,基督教伦理背负着外来伦理文化的名号,许多基督徒感到缓和与中国本土伦理的紧张关系已成为基督教伦理在华立足的必要前提,基督教伦理自此走上了本土化的历程。首先调适与儒家伦理的紧张关系,融摄其中有益于自身立足的资源。早期基督徒已尝试吸收儒家伦理的内涵,用儒家的天命观诠释基督教的原罪说,将儒家的以"五伦"、"五常"为特点的仁爱思想与基督教的以"十诫"为背景的神爱思想加以比较。② 后来,以简又文、赵紫宸、吴雷川、徐松石为代表的一批著名基督教学者沿着这个路径继续发展,重视基督教伦理与儒家伦理的贯通。在赞赏基督教具有丰厚伦理内

---

① 陈撄宁:《中华仙学》,《藏外道书》第二十六册,巴蜀书社 1994 年版,第 183 页。

② 参见姚兴富:《耶儒对话与融合——〈教会新报〉(1868—1874)研究》,宗教文化出版社 2005 年版,第 145 页。

涵和积极伦理价值的同时,简又文认同中国传统文化特别是儒家理论中的伦理内涵和伦理价值,"我们为基督徒深信基督教能给我们以无上的精神价值和道德价值,安身立命,奋斗求生,都惟此是赖……然而我们也是中国人!我们民族自有数千年光荣不断的文明,内里也有不少的精神价值和道德价值自不待言,在这个民族主义盛行的时代,我们断不能再像昔日中外教士们之丑诋中国文化而迫中国人变为犹太化的基督徒了,所以今日本国有学识有灼见的教士教友们大声疾呼,要保存中国文化之优点,使与基督教一炉共冶,一如千余年来希腊文化及他种文化之与基督教溶合一般,于是'中国化的基督教''本色的教会'等名辞,竟是近年来教会里最合人心,亦最合用的了"[1]。自二十世纪二十年代以来,赵紫宸逐步改变以"旧新"、"中西"看待中国文化与基督教的关系,认识到新伦理思潮对传统伦理的颠覆所带来的可怕后果,认识到本色基督教不能与传统文化相脱离,儒家伦理不仅仅是一种对基督教信仰进行阐发的工具,在一定程度上,儒家伦理已经改变了基督教信仰的一些核心因素。[2] 随着中国基督徒对儒家伦理认识的逐步深入,特别是一批受过中国传统文化熏陶的基督教学者崛起,贯通儒家伦理的看法在基督教界成为一种普遍的现象。当然,除了积极与儒家伦理进行贯通外,基督教伦理也在积极与新伦理以及佛教伦理、道教伦理相贯通。

挑选可以贯通的伦理资源。早期传教士花之安肯定儒家的"仁",认为儒家的"仁"与基督教的"仁"有相通之处,"各国皆知仁为众德之首,无仁不可以为人……宋儒谓仁者固博爱,以博爱为仁则不可"[3]。在谈论如何实现教会本色化的时候,周风说,"(中国人)因崇拜孝之极,所以不

---

① 史美夫:《伦理的基督教观》,简又文译,《东传福音》第十六册,黄山书社 2005 年版,第 147 页。

② 参见唐晓峰:《赵紫宸神学思想研究》,宗教文化出版社 2006 年版,第 222 页。

③ 花之安:《马可讲义》,《东传福音》第十三册,黄山书社 2005 年版,第 202 页。

但要孝现存的父母亲长,并且要孝过去的祖宗。中国人民视孝敬祖宗,与孝敬现存的父母亲长,是一样重要的。虽然孝敬祖宗的方法,有类于崇拜鬼神,但在原则上,完全与崇拜鬼神不同",虽然中国人践行"孝"的方式不太妥当,但"孝"的观念仍具有积极价值,与基督教伦理不相违背。正是通过选择其他伦理体系中可以相容的资源,基督教学者改造了基督教伦理,丰富了基督教伦理的内涵。譬如,西方传教士林乐知肯定儒家"五伦"、"五常"的合理性,用儒家的"五伦"、"五常"解释基督教的"十诫"。基督教学者赵紫宸肯定儒家"孝"与"爱"的合理性,认为不妨将基督教的耶稣等同于儒家的圣贤,将耶稣的受苦与死亡理解为"孝",将基督教倡导的牺牲的爱理解为儒家的"民胞物与"的爱。可见,通过积极肯定其他伦理观念的合理性,进而与其他伦理观念进行贯通,基督教伦理走上了本土化的道路。

第三节　鲜明特征

在近代化进程中,中国宗教伦理显现出入世倾向渐强、伦理化道路渐进以及伦理共识日益达成等特征。

一、入世倾向渐强

在清末,中国宗教伦理的出世色彩浓厚。以佛教、道教为代表的中国宗教在教理教义上陈陈相因,神秘色彩十分浓厚,出世倾向较为严重。在文廷式看来,佛教为出世的宗教,"佛法为出世间法,不独与儒异,与道亦异"①。即便是积极倡导佛教复兴的杨文会,也强调佛教的出世层面,"立身成己,治家齐国,世间法也。参禅学教,念佛往生,出世间法也。地

---

① 《文廷式集》下册,中华书局1993年版,第929页。

球各国于世间法,日求进益。出世法门,亦当讲求进步"①。传入中国的基督教往往强调人的原罪、尘世的罪恶以及上帝的全知全善全能、耶稣的神迹、天国的完美,出世倾向严重。早期传教士花之安在《马可讲义》一书的开篇就论证彼岸世界的美好,认为信仰上帝、传播福音是唯一得救的方法。狄考文的《创世纪问答》、韦廉臣的《二约释义业书》、费克礼的《十诫问答》、丁韪良的《天道溯源》与《喻道传》、倪维思的《宣道指归》、林乐知的《路得改教记略》所论证的目的、方式也大致如此。可见,在清末掌握基督教传播话语权的西方传教士将宣讲、论证的重点放在上帝的神圣、耶稣的神迹、彼岸世界的美好以及个人的灵魂得救上,对社会救世的关怀与论证十分欠缺,这种表现与中国人的现实需求以及中国宗教的发展走势是背道而驰的。

其实,中国传统宗教一直强调对现世世界的关注、关怀。如霍多斯(Hodous)所言,中国人的宗教思想是从人而思及神,西方人的宗教思想是由神思及人。基于同样的考虑,有学者认为中国宗教完全是注重现世的,追求目标更多对准了现世的幸福,对于社会与经济的关怀一向很深:

> 中国人的宗教动机充满了现世的精神……所以财神和观音才成为通俗的崇拜对象。中国人除了拜天之外,特别崇拜土地。他们崇敬阎王更甚于玉皇,因为天与现实生活的关系不似地与现实生活的关系那样直接。天必须依靠土地才能生产万物以养人。就是因为这个原因,"社稷"才普遍地有人崇拜,每一个村庄又都有土地公庙。每一县都有一个城隍爷,便是因为城隍爷统治了当地的那片土地,对于当地百姓的生活有直接的关系。②

---

① 杨仁山:《等不等观杂录》卷一,《杨仁山居士文集》,黄山书社 2006 年版,第 72 页。
② 陈荣捷:《现代中国的宗教趋势》,(台湾)文殊出版社 1987 年版,第 219 页。

中国传统宗教的现世性为宗教伦理的入世转向提供了历史资源和方便之门。同时，鸦片战争后中国遭遇了前所未有之剧变，中国人民遭受种种苦难，启蒙与救亡交织在一起，进步人士为启蒙与救亡竞相奔走。在此境遇中，中国宗教伦理不能再为避世、逃避提供理由，而应跟上时代的变迁，积极入世，关怀百姓疾苦，涌入救国救难的时代大潮。

清中后期，一些进步人士或主动调适出世与入世的关系，或极力挖掘入世的理论资源，突出世间善法，强调世间行善的重要性，开启了中国宗教伦理的入世转向。首先，佛教伦理入世色彩渐浓。在佛教伦理中，善可分为有漏善与无漏善二种，即一切世间善法与能证悟涅槃的一切善法；道德修行有自利、利他两种指向，即分别以个人解脱和众人解脱为目标。在太平盛世，世间的疾苦较少，无漏善、自利观念往往抬头。到了近代，战乱、纷争、灾害纷至沓来，百姓的生存处境非常险恶，国人生活在水深火热之中，佛教界日益重视世间善法，强调利他观念，并将其作为入世的手段和方法。杨文会虽没有超越"佛主出世"的传统观念，但有意识地调适出世与入世的关系，认为"黄帝、尧、舜、周、孔之道，世间法也，而亦隐含出世之法。诸佛菩萨之道，出世法也，而亦概括世间之法"[1]，以回应新学之士对佛教重出世的指责。为推进资产阶级维新运动，谭嗣同积极摄取佛教入世资源，宣扬佛教的"我不入地狱谁入地狱"的大无畏精神。受日本真宗与欧洲基督教改革经验的启发，宋恕（1862—1910）努力改变中国佛教"主出世"的形象，指出佛教与儒家的根本宗旨都是"治平"，"盖佛教之出家也，本与儒者游学无异。学成即还，未成不还，非例与家决"。[2] 革命党人章太炎（1868—1936）批评当时执着于佛教厌世或非厌世学说的人，认为"世之议者，或执释教为厌世，或执释教为非厌世。

---

① 杨仁山：《等不等观杂录》卷一，《杨仁山居士文集》，黄山书社 2006 年版，第 261 页。
② 《宋恕集》上册，中华书局 1993 年版，第 77 页。

此皆一类偏执之见也"，佛教所厌之世，"乃厌此器世间，而非厌此有情世间。以有情世间堕入器世间中，故欲济度以出三界之外"。[①] 由于谭嗣同、章太炎等改良派、革命派的大力弘扬，辛亥革命时期的《民生报》、《申报》等进步报刊大都宣扬佛教积极精神，认为佛教以大雄大无畏为极归，以舍己为人为宗趣，能够救苦救难。这种宣传对于当时流行的所谓"佛教是消极厌世的"言论，无疑是一个有力的辩驳，并直接推动民国时期佛教出世精神的有力弘扬。其次，道教伦理入世色彩渐浓。在道教伦理中，救人与救世始终是一个矛盾统一，人道与仙道并立。面对世人对道教界出世、避世的印象，一些道教界人士做出回应。在光绪二十七年(1901)刊印的《〈阐道篇二卷〉附学庸解》中，明善子主张"修道不必出世"，认为"欲觅长生之道，欲觅死而不死之道，则将枯坐山林，置身绝境，谓不近人间"，"昔人欲学此者，原为托名避世耳。今人不察，谬以不食人间烟火，而即可以换凡骨，披仙衣也。无怪乎精神不能充达四肢，血气不能流通于百体，外失资生之道，内无养生之方"，因此，"学道者有心体道，万不可蹈彼故辙，而自误终身"。[②] 明善子告诉人们的是，学道是为超越世间又不离世间，隐居山林、枯坐避世的修道方法是误入歧途。在《太上老君说清静经原旨》一书中，汶水居士主张"尽性命天人之奥，不出伦理日用之常"，当时社会上流行的吐纳、静坐等术，"不但与性命无益，而且伤身之处良多"。[③] 道不远人，体道修行应当贯彻到日用伦常之中，入世要从伦理日用着手，"伦常先尽，实践实行。济人利物，克己精纯。私欲

---

① 章太炎：《建立宗教论》，《章太炎全集》第四册，上海人民出版社 1985 年版，第 415 页。

② 明善子：《〈阐道篇二卷〉附学庸解》，《三洞拾遗》第一册，黄山书社 2005 年版，第 464 页。

③ 汶水居士：《太上老君说清静经原旨》，《藏外道书》第三册，巴蜀书社 1994 年版，第 747 页。

克尽,定能明心。明心见性,更要操存。其所操者,天理良心。千经万典,不外此心。欲修此心,公私辨明。大公无我,即是真人"①。再次,基督教伦理入世倾向渐浓。在基督教伦理中,爱上帝与爱邻人共存,追寻至善的天国与建设美好人间并立。正是基于上述观念,基督教界的一些有识之士意识到基督教必须关注现实世界,意识到关怀现世、社会救难的重要性。花之安在说"上帝为万善之根,世间善举悉由上帝而来"的时候,也充分肯定戒鸦片、洁净街道、汲引清水以便民饮、易庙宇为讲堂、去贪官、禁止缠足、废止纳妾、设医院等善举的价值。② 在总结以前传教的教训基础上,李提摩太相信上帝之国不只是建在人心中,也建在世上的一切机构里,强调道德、善行,认为上帝之国与人的日常生活密不可分,一切有利于人类的事业都具有宗教性。③ 由于受儒家入世精神的影响,一些中国本土的基督徒展现了更加积极的入世姿态。被称为"爱国老人"的马相伯(1840—1939)认为每一位国人都应参与到救国救世的历史洪流中。他指出,救国救世依据的力量和方法是道德,"国无道德,国必亡;身无道德,身必亡","何谓道德? 必先识良心;欲识良心,必先识禀此良心之造物主。故一切哲学所言,违不如吾教所言十诫之简明也"。④换句话说,道德本于良心,而良心则本于宗教,人只有好良心才有好道德、好宗教,这里的道德显然是基督教的道德,这里的良心只有依靠基督教才能完成。与佛教伦理近代化一致,伴随中国宗教入世色彩的渐强,道教界、基督教界日益强调救世与爱邻人的观念,越发重视修"人道"和

---

① 汶水居士:《太上老君说清静经原旨》,《藏外道书》第三册,巴蜀书社 1994 年版,第756 页。

② 参见花之安:《天地人三伦》,《东传福音》第十七册,黄山书社 2005 年版,第59—60 页。

③ 参见段琦:《奋进的历程——中国基督教的本色化》,商务印书馆 2004 年版,第72 页。

④ 马相伯:《家书选辑》,《马相伯集》,复旦大学出版社 1996 年版,第 629—630 页。

建设美好人间的极端重要性。

民国成立后,宗教界有识之士认识到宗教伦理与现实生活不可分,意识到宗教入世的必要性和迫切性。为了摆脱佛教出世、厌世的色彩,何勇仁指出:"佛法不是厌世,只是救世。佛法不是野心家,只是慈善家。"[①]张宗载认为真正学佛的人所学的佛,"绝对是彻底入世的,并非虚伪避世的",真正的佛法是"勇猛无畏的"、"慈悲救苦的"、"美妙、庄严、灿烂、光华的"以及"乐众合群的"。[②]夏易堪认为学佛"最初的目的,就是寻求法界。而寻求法界的方法,又不外改造世界而为法界,所谓法界也是以人为基础的。度人又是改造世界的初步",所以"佛法是'入世'的、'利他'的,并非'出世'的、'为我'的。而他的利他,又是'积极'的,不是'消极'的"。[③]善雄在《我的佛法伦理观》一文中指出,不知佛法的人往往认为佛法是厌世的、无人伦的,这是不正确的,"其实佛之说法,为世间出世间众善之根本",佛法是入世的,有丰厚的伦理内涵,"其辅人伦者,以辅世也",在各种学说、思潮日新月异的时代,"伦理之范围亦愈广,殆非佛教无以设教,舍佛无以显真矣。吾人欲达伦理之坦途,使世界众生同享真正和平幸福,若不藉佛法以应用之,必无从别求其良方也"。[④]三十年代,圆瑛在汉口会讲演,认为"佛教专重入世,而非竞尚出世",并自称"研究佛教垂30年,谛观佛之宗旨,以弘法为家务,利生为天职"。[⑤]翻阅民国时期的佛教刊物,感受最强烈的就是"佛化"两字,许多刊物以这两字作为自己的刊名,更多的刊物则强调"佛化"的重要性,这表明当时

---

① 何勇仁:《佛的革命》,《楞严特刊》1926 年第 4 期,第 43 页。

② 参见张宗载:《甚么是真正的佛法》,《楞严特刊》1926 年第 5 期,第 60 页。

③ 参见夏易堪:《研究佛法应特别注重"利他"这一点》,《佛化新青年》1923 年第 1 期第 5 号,第 27 页。

④ 参见善雄:《我的佛法伦理观》,《佛化新青年》1923 年第 1 卷第 4 号,第 24—25 页。

⑤ 参见《圆瑛文集》,(台湾)文殊出版社 1981 年版,第 58—63 页。

的佛教界对佛教走向世间有多么迫切的要求。① 面对中华民国这一新政权的建立，道教界积极展现入世的姿态，意欲与新政权建立良好的关系。中央道教会的成员作《道教宣言书》一文，指出"盖宗教为立国之要素，与道德、政治、法律相辅而行"②，道教是宗教一分子且"为中华固有之国教"，因此中央道教会旨在"力挽颓风，表彰道脉，出世入世，化而为一"。在实践中，如何处理出世与入世的关系呢？《白云集》一书鲜明地指出，"入世而后出世，内圣而后外王。其大意在，明道德，知仁义，一生死，齐是非，虚静恬淡，寂寞无为而已"③。1943年，胡朴安在《庄子章义》一书中以庄子思想为例，认为出世的观念能演化出入世的方法，"必须要有精神的休养……德充满于内，与形体合符，便是庄子理想中的人格……由理想中的人格，产出理想中无为而治的政治"④。同时，他还批评道教界那些以出世之名行出世之实，精神上出世、肉体上也出世的做法，认为正确的入世方法有三个过程：

> 不脱离现世。一个人的生存必有一个人的环境，家庭、社会、国家、世界是无法脱离的。在世界、国家、社会、家庭里面，既然有我，则我自然与环境发生关系。如要脱离环境，便是违反自然。不与现世相抵触……一切任其自然，不凝滞于物，而与世推移，身体上苦乐老佚，一切不管，精神上永远是快乐的。忘人忘我。既不脱离现世，又不与现世相抵触，其总要在一个忘字。先要忘我，然后可以忘人。既能忘人，虽在现世之中，如入无人之世，故可以不必脱离现世。我

---

① 参见《民国佛教期刊文献集成》目录1，全国图书馆文献缩微复制中心2006年版，前言第7页。

② 《道教会布告》，《藏外道书》第二十四册，巴蜀书社1994年版，第472页。

③ 《白云集》，《藏外道书》第二十四册，巴蜀书社1994年版，第22页。

④ 胡朴安：《庄子章义》，《藏外道书》第三册，巴蜀书社1994年版，第501页。

既忘人，自然人亦能忘我。迫举世之人皆已忘我，我虽处现世之中，并无有我，故能不与现世相抵触……忘字是庄子入世的方法。如何能做到忘字，要有精神的修养。①

时局的变化、中国本土神学家的崛起以及多方的批评，倒逼基督教的入世倾向日益增强。马相伯在1915年为青年会演说时，强调宗教的真精神是"解决人生问题"。1925年，谢扶雅在回顾基督教十余年来的发展时，认为现今的基督教观是建立在五种主义之上的，其中一种主义就是今生主义，自从受了进化论与生命派哲学的影响后，基督教对于"生"的观念做了一个重大的改进，"其新解释虽不屈服于唯物派否定灵魂之下，但确已放弃了厌弃现世的思念，而特别注重今生的一世。'永生''来世'的信仰，虽仍保存，而解释则大变（下节将详言之），且以今生为关系最大的一生，乃是来生的预备期。要操胜利于将来，必先运筹于帷幄，所以今生更是来生的决胜点"②。罗运炎指出："基督教不仅是一种可供宣传的主义，更是一种教人实行的生活。"③受马克思主义的影响，吴雷川的入世色彩更为浓厚，他一反多数基督徒重精神、重个人的倾向，认为物质建设和社会改造非常重要，清醒地指出："须知中国现时的急务，就是要使物质的生活人人各得其需，同时又要使人人都知道节约自己，服从并维持社会的公律。等到第一步实现之后，所谓精神生活，即一切道德的观念，自然更可提高。"④他甚至认为，"基督教唯一的目的是

---

① 胡朴安：《庄子章义》，《藏外道书》第三册，巴蜀书社1994年版，第504—505页。
② 谢扶雅：《基督教新思潮与中国民族根本思想》，《本色之探——20世纪中国基督教文化学术论集》，中国广播电视出版社1999年版，第40页。
③ 罗运炎：《罗运炎演讲拾零》，《东传福音》第十八册，黄山书社2005年版，第481页。
④ 吴雷川：《基督教与中国文化》，《东传福音》第十七册，黄山书社2005年版，第765页。

改造社会,而改造社会也就是寻常所谓革命"①。民国成立后,中国本土的基督教理论家拥有了神学宣教与诠释的话语权,并将出世与入世的概念引入基督教神学的讨论中。徐宝谦是一个代表,认为中国近代的基督教,"虽有一种近似出世的修养工夫,但其动机实在淑世","出世与入世,两者之间不无调和综合之余地","宗教家应用出世的精神,作入世的事业。换言之,宗教家应以出世为手段,以淑世为目的"。②

从理论构建上看,"人间佛教"、"新仙学"以及本土化基督教理论的提出与倡导,标志着中国宗教伦理入世转向的实现。作为"人间佛教"理论的倡导者、弘扬者,太虚抛弃了此前佛教重死后重来世的旧色彩,转向积极参与人生的改造和现世社会的建设上,认为佛教不是"专以来世或寂灭为务",而是以现实人生为基础,以人间改善为第一重目的。"新仙学"理论的创建者陈撄宁,提倡仙学独立,主张平民有分,用科学改造仙学,表面看是要摆脱道教的桎梏,实际上是降低传统道教的"冥想"与"心醉神迷"神学色彩,彰显道教炼养学说,将道教普及化、生活化与现世化。对基督教而言,最大的任务就是除掉"洋教"的丑号。除掉"洋教"丑号,既需要参与社会关怀、社会救助乃至国家救亡,以及为这些具体的工作进行理论上的论证,还需要与中国本土文化进行调适,充分借鉴豁达乐观、刚健有为、积极进取的入世精神。在赵紫宸、吴雷川、吴耀宗等本土神学家的努力下,督教理论现世化色彩渐浓,基督教伦理在中国实现了入世的转向。

---

① 吴雷川:《基督教与中国文化》,《东传福音》第十七册,黄山书社 2005 年版,第 769 页。
② 徐宝谦:《论修养与工作交感的原则》,《东传福音》第十六册,黄山书社 2005 年版,第 221 页。

二、伦理化道路渐进

近代中国的现实情况需要伦理化的宗教。近代中国内忧外患,政权交替轮换,百姓困苦不堪。在政权分崩离析时期,宗教唯有凭借道德的内在本质来吸引信众,才能获得发展的机会。① 同时,随着社会发展、科学昌明、人智大开,宗教的神学部分将受到猛烈的抨击。在《基督教与科学》一书中,谢洪赉认为基督教与科学的范围界限虽不同,但无论解释物质现象还是解释心灵道德,都以谋求人类幸福为目的,从而殊途同归。在《科学与宗教》一文中,朱经农较为客观地指出:"宗教的目的是教人为善,并没有预备将一切科学原理都包括在教条内。"②但科学飞速发展,制造出许多新式武器,"如不以道德运用、驾驭,为害人类实甚,此则非昌明高度道德性的宗教不可"③。为调适与科学的关系,宗教界往往通过强调伦理内涵来缓和宗教与科学的矛盾,走伦理化的发展道路成为中国近代宗教寻求发展空间的必然选择。

丰厚的伦理资源为中国宗教伦理化提供了理论准备。终极信仰、修行方式、神秘体验、教阶制度对于任何宗教而言都是十分重要的,但这些要素如果离开了伦理道德将会面目全非。黑格尔曾说过:"从宗教中取走了道德的动因,则宗教就成了迷信。"④随着时代发展,宗教应该不断丰富其伦理内涵。太虚认为,现在宗教的概念已与往昔不同,道德不仅是宗教不可或缺的要素,而且占有很重要的地位,因为"设有宗教之经

---

① 〔美〕杨庆堃:《中国社会中的宗教》,上海人民出版社 2007 年版,第 114 页。
② 朱经农:《科学与宗教》,转引自林荣洪编《近代华人神学文献》,(香港)中国神学研究院 1986 年版,第 542 页。
③ 太虚:《人生的佛教》,《太虚大师全书》第三卷,(台湾)善导寺佛经流通处 1980 年刊印,第(一)238 页。
④ 《黑格尔早期神学著作》,商务印书馆 1988 年版,第 10 页。

验、愿力与知识,欲行之于世,更当适合时代之需求,乃有施展之可期。否则,其所行者,违反于时代之需要,不合时宜;在自己行之有素,不为介意,然在外人之视察,以为不合时机,多方阻挠,必至教化不能推行,宗教不能构成矣"①。通过对比东西方宗教,中国科技史研究专家李约瑟博士(Joseph Needham,1900—1995)认为,任何宗教所具有的独特神圣观念与超自然的精神力量,是以最完备的形式与人类的最高伦理原则结合在一起的,"现在我们似乎倾向于把一切宗教的约束力量全部抛弃,但是,我们最好要小心一点,不要把伦理观念也一脚踢开了。因为伦理观念和崇敬神圣的思想是非常微妙地结合在一起的"②。在 1902 年 10 月 31 日《新民丛报》上的《论宗教家与哲学家之长短得失》一文中,梁启超认为:"摧坏宗教之迷信可也,摧坏宗教之道德不可也。道德者天下之公,而非一教门之所能专有也。苟摧坏道德矣,则无忌惮之小人,固非宗教,而又岂足以自附于哲学之林哉!"③

　　在启蒙与救亡的双重夹击下,近代中国宗教的伦理内涵与功能日益突出,宗教诸要素的伦理色彩渐浓,伦理化的宗教得以积极倡导,这体现了宗教沿着伦理化道路进一步发展,也反映了中国宗教伦理体系发生嬗变与革新。这种嬗变与革新,既体现在宗教伦理关涉领域的拓展上,佛、菩萨、神仙、上帝以及耶稣日益道德人格化,仙境、天国披上伦理化的外衣,人类的原罪甚至被诠释为人类道德的失范,神秘化、玄学化的元素逐步被祛除,原来缺乏伦理色彩的领域逐步被注入伦理的元素,宗教伦理

① 太虚:《宗教构成之元素》,《太虚大师全书》第二十一卷,(台湾)善导寺佛经流通处 1980 年刊印,第(五)273 页。

② [英]李约瑟:《四海之内:东方和西方的对话》,生活·读书·新知三联书店 1987 年版,第 169 页。

③ 梁启超:《论宗教家与哲学家之长短得失》,《梁启超哲学思想论文选》,北京大学出版社 1984 年版,第 142 页。

的关涉领域不断扩大；又体现在宗教伦理内涵的蜕变上，由尽忠而衍生出的爱国观念逐步演变为由爱民而衍生出的爱国观念，等级秩序观念逐步演化为自由平等观念，从而为宗教伦理增添了时代内涵。

第一，面对世人指责佛教为无伦理的说法，佛教界进步人士积极挖掘佛教的伦理资源。寂英积极挖掘《无量寿经》、《忍辱经》、《六方礼经》、《长阿含经》中的伦理资源，指出世人所批评的无伦理的佛教，"实为原始佛教，非若中土智滥觞"[①]，今日南宗佛教中人，皆皈依三宝。太虚认为佛教伦理是最适合人类实际生活的道德，"佛教的本质，是平实切近而适合现实人生的……于人类现实生活中了解实践，合理化、道德化就是佛教"[②]。在挖掘佛教伦理资源的基础上，太虚等人积极建构伦理化的佛教，这种伦理化佛教的第一重目的是"人间改善"，就是以佛教五乘共法中的五戒等善法净化人间，即"从家庭伦理、社会经济、教育、法律、政治，乃至国际之正义公法，若各能本佛法之精神以从事，则均可臻于至善，减少人生之缺憾与痛苦。故现实人生可依佛法而改善净化之也……佛教对此改善人生之目的，自可发挥其无尽之效力也"[③]。

第二，道教同样经历了一个逐步凸显伦理内涵和价值的过程。清末流行的劝善书倡导道教伦理观念，规劝人们在现实生活的方方面面止恶从善，但对社会剧变缺乏回应和有效方法。中华民国成立后创设的道教组织——中央道教会十分强调道德教化、社会救助、救难救亡等功能，下设出世间业和世间业两大类组织，其中世间业又包含救济门、劝善门、化恶门，救济门主要办理赈饥、救灾、治病等慈善事业，劝善门进行文字劝

---

① 参见寂英：《佛典中的伦理观念》，《佛教与佛学》1936 年第 1 卷第 10 期，第 259 页。
② 太虚：《人生的佛教》，《太虚大师全书》第三卷，（台湾）善导寺佛经流通处 1980 年刊印，第（一）238 页。
③ 太虚：《人生佛教之目的》，《太虚大师全书》第三卷，（台湾）善导寺佛经流通处 1980 年刊印，第（一）234 页。

导等教化工作,化恶门则主要从事包括弥杀、弥盗、正俗等事业。由正一派创建的近代道教组织——中华民国道教总会,以"黄老为宗,联络各派,昌明道教,本道德以维持世道,俾人类共跻太和"①为宗旨,推崇伦理道德在维持世道上的功用。面对战乱、纷争,江希张主张道德为本,物质为末,道德宜先,物质为后,"以昌明道德,消弭战杀,挽回世运,救正人心,为惟一宗旨"②,使《道德经》这部道教经典尽显伦理化色彩。陈撄宁所建构的"新仙学",在继承道教的"仙道贵生"、"仙道贵德"的基础上,提倡仙道救国、道为公有,标志着伦理化的道教理论的初步建立。

第三,基督教近代百余年的发展史是一个逐步突出伦理内涵、逐步伦理化的过程。作为中国最早的布道人,梁发不像西方传教士那样拘泥于《圣经》的字面意思,而是重视诸如登山宝训中的道德诫命等基督教伦理的内容,以契合中国人的伦理观念和心理习惯,来达到顺利传播福音的目的。梁发的这种做法,曾令他的老师马礼逊(Robert Marrison,1782—1834)以及友人合信医生(Dr. Benjamin Hobson,1816—1873)不安,因为他的一些用语染有中国固有的异教色彩,甚至他的一些思想为不健全的混合物。③ 在《二约释义业书》中,韦廉臣认为研究《圣经》有两大原因或两大目的,其中一条就为道德教化,学习、研究《圣经》,"益己之道德。即凡基督所垂之至德善行,莫不载于圣经之内,读者苟能引为师范,身体力行,必能成为有道德之完人"④。在1934年出版的《基督教纲要》一书中,谢扶雅通过对比基督教的上帝与犹太教的神,认为耶稣的神是"慈爱的,而爱尤胜于义",是"伦理的,家庭化的,和蔼可亲的",是"关

① 阮仁泽、高振农主编:《上海道教史》,上海人民出版社1992年版,第430页。
② 江希张:《道德经白话解说》,《藏外道书》第三册,巴蜀书社1994年版,第580页。
③ 参见唐晓峰:《赵紫宸神学思想研究》,宗教文化出版社2006年版,第54页。
④ 韦廉臣等编:《二约释义业书》,《东传福音》第十三册,黄山书社2005年版,第516页。

怀到全世界的"。① 1936 年,简又文在《伦理的基督教观》一书的引言中说,经过多年的怀疑、思考与改造,"基督教在元素上纯然是伦理的宗教,其要素乃在于从实际上促进美满的、富丰的、崇高的人生"②,其余的都是附属品,"而现代的文化,大体也趋于社会的伦理的方面"③,有了上述共同的立足点,创造现代的、中国的基督教神学就成为合理的期望了。罗运炎在做《爱——基督教义的总纲》的演讲中,突出强调基督教的伦理内容和伦理功能,甚至将基督教的伦理内容与功能放在首要位置。在赵紫宸看来,宗教是伦理的根本,伦理是宗教的实现,基督教是伦理宗教,这种伦理宗教能够直接为个人和民族更新自己提供力量,为人类树立道德的标准,为人类建造完美的道德世界。为了论证基督教是伦理宗教,赵紫宸还对教会、圣经与天国进行伦理化诠释,视教会、圣经为道德的载体,视天国为一种"伦理的至善",认为基督教文化在本质上是在人们道德联系中所溢出的上帝的生命,"基督教的伦理由内向外,以教会为中心,以世为外围,推广绵亘,直到世界进入了教会的内圈。道德生活的发育增长,须要有内力,也须要有外力。上帝的灵住在教会之内,是内力,信众彼此拱护,使人人相互照应,相互鼓励,以成圣德,是外境"④,教会能够提供社会所需要的道德和正义;认为《圣经》是一本宗教伦理书,"在这书里包藏一切道德的标准,人生的价值"⑤;认为天国是一个"伦理的至善"、伦理的世界,是一个世界中的世界、人间中的人间,是一个人与

---

① 参见谢扶雅:《基督教纲要》,上海中华书局 1934 年版,载谢扶雅《南华小住山房文集》第三辑,香港南天书业公司,第 230 页。

② 史美夫:《伦理的基督教观》,简又文译,《东传福音》第十六册,黄山书社 2005 年版,第 146 页。

③ 史美夫:《伦理的基督教观》,简又文译,《东传福音》第十六册,黄山书社 2005 年版,第 148 页。

④ 赵紫宸:《基督教的伦理》,《赵紫宸文集》第二卷,商务印书馆 2004 年版,第 504 页。

⑤ 赵紫宸:《圣经在近世文化中的地位》,《生命》1921 年第 1 卷第 6 册,第 9 页。

人、人与上帝、人与社会和谐相处的"伦理的至善"状态。同时期,吴耀宗、吴雷川等人致力于建构的本土化基督教伦理化色彩十分浓厚,都是伦理化的基督教。

三、伦理共识逐步达成

鸦片战争之后的相当长时间里,各宗教之间特别是佛道二教与基督教之间的攻讦占据主导,真正的对话较少。针对基督教的大举东进,杨文会等佛门中人主张佛教优于基督教,佛教透视世间苦难的根源所在,在其引导下能够实现人生的完善。经过对各宗教数十年研讨,夏曾佑居士对"基督天方之学"亦"粗能通其大义,辨其径途",不过,唯觉只有佛法才是"法中之王"。[①] 西方传教士大多否定中国传统宗教的价值,认为基督教不能与中国传统文化相协调。在 1913 年出版的《两教辨正》一书中,美国传教士倪维思认为中国宗教皆有偏颇,都不是真教的同时,"惟有天主教书,正大光明,无少偏易,其所用心要皆以考明真理,为人道之门,以修德立功为进善之资,以天堂地狱为赏罚之报,欲人探索真理共赴真路,绝无混杂之弊,其为真教不待辨而自明矣"[②]。在大量相互批判的同时,一些宗教界人士也认识到对方的一些优点。孙宝瑄说:"耶稣之道,扩充之,即佛也。"[③]文廷式认为,延寿《宗镜录》中所说的"天主""此似耶苏教说"。[④] 传教士李提摩太(Timothy Richard, 1845—1919)曾尝试与佛教徒进行对话,甚至与佛教居士杨文会合作,将《大乘起信论》与《法华经》等佛教经典翻译成英文,将佛教介绍到西方。与佛教与基督教的相遇与对话相比,近代道士或道教代表人物甚少提及有关宗教相遇的

---

① 石峻等编:《中国佛教思想资料选编》第三卷第四册,中华书局 1990 年版,第 36 页。

② 倪维思:《两教辨正》,《东传福音》第十五册,黄山书社 2005 年版,第 142 页。

③ 孙宝瑄:《忘山庐日记》上册,上海古籍出版社 1983 年版,第 117 页。

④ 《文廷式集》下册,中华书局 1993 年版,第 993 页。

问题,可以说,无论中英文或其他语言的著作中,都极难找到有道教教士认真讨论有关基督教的问题,即使有,也是极为零星,几乎接近零。① 一些传教士出于护教的目的,对道教特别是其多神崇拜进行批判。后来成为牛津大学中国语言文学系教授的传教士理雅各(James Legge)在1880年著文谈论中国宗教,认为道教是荒诞的多神教,几乎没有任何诗意和美学的特征。新教牧师何进善(1817—1871)等人指出道教祭祀仪式涉及偶像崇拜,是错误的做法,同时也对道教理论的某些方面表示认可。

中华民国成立后,佛教、道教与基督教的对话渐多。新政权建立后,为了争取宗教界的合法权益,佛教、道教、基督教等宗教自觉联合起来,在一定程度上认同对方的合理性。此时,佛教界一些进步人士对基督教更加开放,认为基督教的传教方式、兴办教育以及慈善事业都值得佛教学习。宗仰法师指出各教之间无不舍己而从人,都有利于道德进步、和平发展,与其相互指责和无谓竞争,不如相互借鉴,共同促进人类的自由、平等。出身于基督教家庭的鹏南初闻佛法后,感觉佛教具有圆融无碍的真理,号召基督徒要"平心静气,审查佛学真际,求其最后结果,庶可不负热心宗教之真诚"②。由基督教改信佛教的著名人士张纯一曾就佛教和基督教的异同,与基督教学者吴雷川进行书信来往,认为真基督教无异于佛教,异于佛教的基督教则不是真基督教,具体来看,佛教讲因果,基督教亦讲因果;佛教讲兼善天下,基督教亦然;佛教讲不生不灭,基督教讲永生,名称不同,实质一样,除此之外,"凡基督教之长,佛教无不有,而且甚多甚多。佛教之长,实为基督教所无者,亦甚多甚多",但这并

---

① 费乐仁:《现代中国文化中基督教与道教的相遇、论辩、相互探索》,《跨宗教对话:中国与西方》,中国社会科学出版社2004年版,第205页。

② 鹏南:《敬告奉耶教诸兄弟姊妹书》,《海潮音》1921年第2卷第7期,第10页。

不意味着"基督真道在佛下",而是为了体现"实佛耶并崇"的立场。① 到了三四十年代,这种对话进一步深化。铁胆头陀认为"佛耶两教,各存其独立价值"②,佛教与基督教不应相互贬斥,而需相互包容。武昌佛学院的永学法师认为各宗教都有长短,"没有绝对真正至善就是彻底的","不但要找出他的短处来批评,而他的好的地方也要加以赞赏,千万不能一概抹煞"。③ 太虚逐步改变初期一味排斥基督教的立场,认为基督教与佛教都有不足,基督教有必要了解佛教,佛教也有必要进一步认识基督教,"基督教对于中国近代文化事业、社会公益、信仰精神,都有很大影响。而中国的佛教,虽历史很久、普及人心,并且有高深的教理;但是在近来,对于国家社会,竟没有何种优长的贡献",鉴于两教的具体情况,提出了"中国需耶教与欧美需佛教"的观点。④ 基督教界一些开明人士也在不同程度上认可佛道二教,甚至建议双方进行对话。牧师学者徐松石从热衷儒家学说,到涉猎佛道学说,再到信奉基督教学说,对儒佛道与基督教有较深的认识,认为儒释道与基督教都有高尚的真理与道德,应该相互宽容、良性对话,并较为客观地认同道教的独特价值,"道教的齐善恶主义、齐死生主义和齐物主义,都表示人类的高尚思想,基督教并不反对。基督教非但不加反对,而且很称赞老子、庄子的见地高超,有裨于人心世道"⑤。道教

---

① 参见张纯一:《真基督教无异于佛教即非真基督教》,《世界佛教居士林林刊》1923 年第 1 期,第 3—10 页。

② 铁胆头陀:《令人齿寒的布教法》,《人间觉》半月刊 1937 年第 2 卷第 10 期,第 2—3 页。

③ 参见永学:《对于天主教之批评》,《人间觉》半月刊 1937 年第 2 卷第 10 期,第 11—15 页。

④ 参见太虚:《中国需耶教与欧美需佛教》,《太虚大师全书》第二十一卷,(台湾)善导寺佛经流通处 1980 年刊印,第(一)335—(七)341 页。

⑤ 徐松石:《中华民族眼里的耶稣》,《东传福音》第十七册,黄山书社 2005 年版,第886 页。

与基督教的相遇在林语堂身上体现得淋漓尽致。林语堂出身于基督教家庭，是一名虔诚的基督徒，后来在新文化运动、科学化运动以及爱国浪潮的冲击下，对基督教的信仰发生动摇，道教之"道"逐步取代基督教的"上帝"成为他的信仰对象，"血液里含有道教徒原素"①。道家道教在林语堂从早期基督教徒到异教徒再到后期回到基督教徒身份转换过程中具有重要意义，这个过程也鲜明体现出耶道对话的特色。② 刘法中在《佛法与老孔耶教教义之异同》一文中，展现出极为宽容的姿态，宣称："纵观诸教本源既同，枝流各别。推原其故，无非皆权圣应世，因时因地，方便度生。故不可因其说法高下，而生轩轾之心。"③虽然这种尊重对方价值、倡导相互吸收的声音还较为弱小，但无疑顺应了时代的潮流，有利于中国宗教的健康发展。

　　伦理层面的对话成为宗教对话的一个切入点，由伦理对话促成了基本的伦理共识。在基督教学校北平协和医院华文学校讲演时，太虚指出，过去一切的旧道德已经失去了存在的根据，已不能为人类提供道德的标准，"现在的宗教，应负一个责任，供给人类以建立新道德标准的一个根据"④，这是有利于人类道德进步的。佛教徒唐大圆认为儒佛道都重视道德的作用，在道德教育方面应加强对话、合作，指出："自欧学东渐。人皆以求知识研真理自命，每薄视道德二字……若欲求真正之道德教育，则宜明辨东西，而以儒道为基，以佛法为究竟。"⑤民国之后，基督

①　参见刘慧英编：《林语堂自传》，江苏文艺出版社 1995 年版，第 18 页。

②　参见何建明：《林语堂基督教与道教内在对话初探》，《基督宗教与中国文化》，中国社会科学出版社 2004 年版，第 151 页。

③　刘法中：《佛法与老孔耶教教义之异同》，《海潮音》1947 年第 28 卷第 12 期，第 423 页。

④　太虚：《宗教对于现代人类的贡献》，《太虚大师全书》第二十一卷，（台湾）善导寺佛经流通处 1980 年刊印，第（五）279 页。

⑤　唐大圆：《道德教育说要》，《东方文化》1928 年第 4 期，第 26—27 页。

徒谢恩光认为重视道德、劝人向善是各宗教的共同点,"孔之仁,耶之爱,佛之慈悲,何之异哉。东洋之礼义廉耻,西洋之礼义廉耻,何之异哉。道德者,根于天性者也。东方圣人、西方圣人,此心同,此理同,道德主义无不同也"①。在道教徒江希张看来,"圣人无常心,以百姓心为心。善者,吾善之;不善者,吾亦善之;德善。信者,吾信之;不信者,吾亦信之"所表达的精神,不为道教所独有,在世界各大宗教中都能找到。② 1939 年刊印的《太上感应篇经史集证四卷》一书,认为在成就善人这一点上佛教与道教是相同的,"佛家千言万语,亦无非教人在实地上做工夫,即如佛言平等,示人万物一体也。佛言施舍,教人绝去贪利之心也。佛言明心见性,教人循理而遏欲也。故欲为善人者,必修仁义之道,体纲常之本,存忠恕之心,则全乎其为善人已"③。在一个宗教内部,不同的宗派由于观点的差异也会导致互相诋骂和攻击,造成了内部的分裂。面对基督教内部的分裂,简又文认为这种分裂造成了很坏的影响,不能团结一致地担负起救人救国救世界的共同任务,但是基督教新旧教派的争端不能从神学上解决,"解决之法,惟有在共同的伦理任务上,换言之,教会内部之冲突,即如个人解决之法,常以伦理的基督教观取代神学的、玄学的或神秘的"④。总之,中国宗教近代发展史是一个日益强调伦理道德的过程,是一个伦理化宗教理论体系逐步形成和完善的过程。

---

① 谢恩光:《谢辑华人接受基督教》,《东传福音》第十七册,黄山书社 2005 年版,第 135 页。

② 参见江希张:《道德经白话解说》,《藏外道书》第三册,巴蜀书社 1994 年版,第 589 页。

③ 无名氏原著,曹善揆校续:《太上感应篇经史集证四卷》,《三洞拾遗》第五册,黄山书社 2005 年版,第 349 页。

④ 史美夫:《伦理的基督教观》,简又文译,《东传福音》第十六册,黄山书社 2005 年版,第 146 页。

四、伦理体系重构

近代以来,中国宗教伦理回应各种伦理思潮,展现出鲜明的时代特色,为新政权建立、社会发展以及民族救亡进行了理论上的革新。经过全面革新的宗教伦理逐步体系化,形成了"人间佛教"、"新仙学"以及本土化基督教伦理理论等体系化成果。

"人间佛教"理论的构建表明佛教伦理发展进入一个新阶段。作为"人间佛教"理论的主要构建者,太虚自 1922 至 1946 年在大量的讲演和文章中提出并逐步完善人间佛教理论体系,其中包含了大量佛教伦理革新的内容。首先,对人间伦理关怀的倡导。就摄导对象而言,太虚主张人间佛教要面向世俗社会,认为革新中国佛教就要洗除教徒好尚空谈的习惯,使理论侵入民众,以适应今时今地今人的实际需要,"我们想复兴中国的佛教,树立现代的中国佛教,就得实现整兴僧寺、服务人群的今菩萨行!"①其次,确立伦理关怀的出发点、具体方法、步骤以及目标。针对社会上对佛教末流重"死"重鬼神的指责,太虚郑重指出人间佛教的出发点,"如果发愿成佛,先须立志做人。三归四维淑世,五常十善严身"。1944 年,他编写《人生佛教》一书,系统阐明了建设人间佛教的方法、步骤、目标,在个人是由奉行五戒十善开始,渐而四摄六度,信解行证而成佛果;每个人都"要去服务社会,替社会谋利益",一方面以个人人格影响社会,另一方面合力净化社会,达成建设人间净土的目标。② 太虚去世之后,以赵朴初、印顺为代表的进步人士继承、发展了人间佛教理论,中国佛教沿着伦理化的发展道路前进,佛教伦理在不断革新中发扬光大。

"新仙学"的提出标志着道教伦理发展进入一个新阶段。作为全真

---

① 太虚:《从巴利语系佛教说到今菩萨行》,《太虚大师全书》第十八卷,(台湾)善导寺佛经流通处 1980 年刊印,第(二十)32 页。

② 参见陈兵、邓子美:《二十世纪中国佛教》,民族出版社 2000 年版,第 201 页。

教龙门派第十九代居士,陈撄宁(1880—1969)在继承传统丹学"仙道贵生"、"仙道贵实"和"仙道贵德"等优良传统的基础上,对道教伦理进行系统革新,提出"仙道救国"理论,倡导男女平等观念,增强仙学的平民化色彩。一是提出了"仙道救国"的理论。如何才能拯救多灾多难的国家和人民呢? 在陈撄宁看来,"(儒家)伦常道德未尝不好。可惜仅能安内,而不能攘外。外国强盗早已打到我们家里来了,读四书五经给他们听,是没有用的。再拿太上感应篇及文昌阴骘文等类善书劝化人民,亦不过制造出一种极驯良极柔弱的老百姓,毫无抵外侮之能力,只有听他们宰割而已……现在吾人所需要者,乃民族精神与国家思想,团结一致,竭力御侮。否则国破家亡,生命且不保,伦常道德从何说起? 须知中华民族所以敌不过他种民族者,其最大原因,并非伦常道德不及他人,乃国家思想不能充分发达,民族精神亦不能团结一致也"①。在《致湖南宝庆张化声先生书》中,他倡导以神通救世的修仙学,与中国伦理文化的经世致用传统结合起来,对世俗世界的精神需求进行回应,"开创了道教的爱国主义传统"②,但也存在异想天开的成分。二是倡导男女平等观念。陈撄宁弘扬原始道教尊重妇女的优良传统,扬弃传统道教中的男女平等观念,大力宣扬具有近代意义的男女平等观念,指出:"在神仙家眼光看起来,男女资格是平等的。若论做工夫效验,女子必男子快。若论将来成就,亦无高下之分。至于普通重男轻女之陋习,乃是人为的,不是天然的。世界各大宗教,如佛教、如天主教,中国内地各种秘密教,如某某门、某某堂、某某社,皆是男女不能平等。独有仙道门中,无此阶级……有志者,切勿因为自己是女子身,遂觉气馁。"③三是主张"道为共有"、"平民有分"。经过葛洪改造过的道教,形成了重视"外丹"炼养实现长生的生

① 陈撄宁:《中华仙学》,《藏外道书》第二十六册,巴蜀书社 1994 年版,第 210 页。
② 牟钟鉴:《关于生活道教的思考》,《中国道教》2000 年第 6 期。
③ 陈撄宁:《中华仙学》,《藏外道书》第二十六册,巴蜀书社 1994 年版,第 216 页。

命伦理,也造成了浓厚的贵族化色彩,一般百姓无缘问津。陈撄宁着力淡化这种贵族化色彩,旗帜鲜明地指出,道乃宇宙万物所共有,不是少数人所私有,这种"道为共有"、"平民有分"的观念也是对"民主"、"自由"等西方伦理学说的回应,顺应了宗教伦理世俗化的历史潮流。除了陈撄宁以外,易心莹等道士也在积极进行道教伦理的时代革新。易心莹(1896—1976),先后写成《老子通义》、《道学系统表》、《道教分宗表》、《道教养生》、《道教三字经》等书,提出了四条以"化理"解"道"的涵义:"一、主善为师,即学为好人。二、修身励业,即外功内果,或德行事功。三、坚固信心,即圆满志愿,或达到标准。四、引导人民思想,即济度众生,或广度有情。"①1937年著的《道教三字经》,以简洁的语言表达孝亲、救国等伦理观念,指出"欲治国,慕广成,访空峒,论长生……大功成,报父母。吴夫差,仰止切;求度人,之齐国"②,极具时代气息。经过陈撄宁、易心莹等人的革新与发展,道教伦理具有了时代气息,并为当代道教伦理的健康发展做了理论上的准备。

天主教的"中国化"运动和基督教的"本色化"运动之后,本土化的基督教伦理思想体系得以创设,标志着基督教伦理在近代中国发展进入一个新的阶段。与天主教开展"中国化运动"相似,基督新教也积极地展开了"本色化"运动。一些青年学生于1922年2月26日在上海筹备"非基督教学生同盟",并于3月9日发布"非基督教学生同盟宣言",随后各地学校纷纷成立反基督教团体,形成了一次反基督教高潮。第一次非基督教运动自生自灭,到1922年底便落下了帷幕。1924年夏,非基督学生同盟再次形成,第二次非基督教运动开始,并一直持续到1927年大革命失败。面对此运动,基督教内部一些进步人士在护教的同时,开始反思自身的问题,开启了基督教本色化进程,以使基督教"消除洋教的丑号",

---

① 邱进之主编:《中国历代明道》,吉林教育出版社1997年版,第604页。

② 易心莹:《道教三字经》,《藏外道书》第二十四册,巴蜀书社1994年版,第464页。

使基督教直接落实到百姓的伦常日用之间。在一些基督徒知识分子看来,当时中国社会的根本问题是人的道德问题,实行基督教伦理化发展、全面革新基督教伦理就成为基督徒知识分子的首要任务。从 1922 到 1949 年,基督教伦理的发展重点已由理论传播为主向理论革新为主转变,主体由以来华传教士为主向中国本土基督徒转变。在这一阶段,涌现出一批杰出的知识分子基督徒,他们大多在基督教大学教授基督教课程,并撰写了一批涉及基督教伦理的著作,譬如吴雷川(1870—1944)著《基督教与中国文化》、《宗教经验谈》、《基督教的希望》、《墨翟与耶稣》,王治心(1881—1953)著《中国历史上的上帝观》、《本色教会与本色著作》、《如何使教会在中国文化上生根》、《耶稣基督》,徐宗泽(1886—1947)著《妇女问题》、《宗教问题之商榷》、《圣事论》、《宗教研究概论》,赵紫宸(1888—1979)著《基督教哲学》、《耶稣的人生哲学》、《耶稣传》、《耶稣的人生哲学》、《基督教进解》、《神学四讲》、《仁学》、《传道解惑》,刘廷芳(1890—1947)著《基督教与中国国民性》、《19 世纪各种思潮对于基督教信仰上所发生的影响》、《中国基督教与中国的国际问题》,谢扶雅(1892—1991)著《中国伦理思想述要》、《中国伦理思想 ABC》、《人生哲学》、《伦理学》、《个人福音》、《基督教纲要》、《被压迫的福音》,徐宝谦(1892—1944)著《耶稣基督的优缺点》、《基督在中国的前途》、《基督教对于中国应有的使命》、《基督教与中国农村》、《基督教与中国文化》,吴耀宗(1893—1979)著《黑暗与光明》。这些基督徒知识分子在其著作中大多尽力挖掘基督教的伦理资源,对基督教信仰进行伦理化的诠释,可以说,对基督教信仰进行伦理化诠释是二十世纪上半叶中国基督教思想界的普遍趋向。其中,赵紫宸在当时中国的社会及文化语境中对基督教信仰所进行的伦理化诠释最系统、最完备。① 为实现基督教本色化,赵紫宸对基督教理论中上帝论、基督论、救赎论进行伦理化的阐释;认为教会

①　参见唐晓峰:《赵紫宸神学思想研究》,宗教文化出版社 2006 年版,内容提要第 1 页。

是社会中的社会,具有伦理功能;指出天国是一种至善,是一种人与人、人与社会以及人与上帝之间的"伦理的至善"状态;强调正确解读《圣经》的方式,是一种与科学就理性精神相融合的伦理化解读。在《基督教纲要》中,谢扶雅将耶稣的上帝描绘为一个慈爱的、伦理的和关爱世界万物的神,视耶稣的人生观为一种强调人生价值、突出爱的人生观。吴雷川将"上帝国"进行伦理化的诠释,认为天国拥有爱与正义两个特性,视耶稣为一个热爱社会、服务社会的具有高尚道德人格的典范,表现出强烈的社会伦理意识。这种对基督教教义的伦理化理解,实际上贯穿于吴雷川基督教思想的始终。① 吴耀宗更为激进,主张社会的改造行动需要依靠上帝的"唯爱"原则,唯有上帝的唯爱原则在社会中得以实现,即社会正义与人间天国的实现,基督教才能真正本色化。作为"北赵南韦"之一的韦卓民十分重视基督教与中国文化、基督教伦理与中国伦理的关系,强调"中国需要基督教化"及"基督教需要中国化",十分强调基督教必须有地域性的关怀,必须尊重中国传统文化的精神。他还说明了自己是以中国人身份的角度来诠释基督教,并指出不单是中国需要基督教,基督教也同样需要中国。② 随着天主教中国化和基督新教本色化运动的开启,基督教伦理的革新和发展也在同步进行,基督教伦理的革新和发展又反过来促进了基督教伦理的传播,并为当代基督教的处境化发展提供了借鉴。

综上可见,"人间佛教"的建构和提出指明了佛教伦理的发展路向,表明佛教伦理发展到一个新阶段;"新仙学"的建构和提出为道教伦理发

① 何建明:《吴雷川的耶稣人格论》,《基督宗教研究》第五辑,宗教文化出版社 2002 年版,第 558 页。
② 吴梓明:《解读韦卓民博士之〈让基督教会在中国土地上生根〉》,《文本实践与身份辨识——中国基督徒知识分子的中文著述 1583—1949》,上海古籍出版社 2005 年版,第 309 页。

展标明方向,为当代"生活道教"的提出奠定了基础,标志着道教伦理发展到一个新阶段;天主教的"中国化"和基督新教的"本色化"运动的开展,使得一批基督教伦理学家和基督教伦理学著作涌现,基督教伦理的中国化发展到一个新水平。

显然,中国宗教伦理的近代变迁与近代中国社会的变迁息息相关,并在一定程度上影响到近代中国社会的道德面貌与道德秩序。只要传统道德体制在普通民众中特别是农村地区行之有效,宗教就仍然具有防止道德秩序崩溃的作用,特别是当外来文化在中心城市的近代知识分子领导阶级中间动摇了传统道德体制的基础的时候。而少数对灵性感兴趣的人几乎都被基督教所吸引,因此基督教信仰与新道德观念密切相关并对近代中国产生了强烈影响。[①] 宗教伦理在近代的革新、发展虽困难重重,但在近代中国社会仍发挥着独特的作用。

---

① 参见[美]杨庆堃:《中国社会中的宗教》,上海人民出版社 2007 年版,第 335 页。

第四章　彰显时代内涵

在近代化的进程中,中国宗教逐步与时代相适应,中国宗教伦理展现出一些新现象、新气象,主要表现为神的道德人格化、新伦理观念的宗教阐释、救国救世伦理精神彰显、伦理观念本土化道路渐进。

第一节　神的道德人格化

面对启蒙伦理思潮的冲击与挑战,宗教诸神的神圣性弱化、神秘色彩逐步消解,神人关系越发向"人"一端倾斜,人格形象日益突出,道德功用得以凸显。

一、佛与菩萨的道德人格化

在佛教教义中,"佛"或"佛陀"(Buddha),早期译音为浮屠,意为觉悟者或达到觉悟的人。菩萨为"菩提萨埵"的简称,"菩提"本指"觉悟者的觉悟",与佛同一字根来的;"萨埵"指人或人士,此字有"有"(存在)字义。可以说,菩萨当为尚未成佛的佛,佛当为已经成佛的菩萨。[1] 在随后的发展中,先是释迦牟尼逐步被神化,后是菩萨也被神化。汤用彤运用历

---

[1]　汤用彤:《康复札记·佛与菩萨》,《汤用彤学术论文集》,中华书局 1983 年版,第316—317 页。

史的分析方法,揭示了佛、菩萨有一个神化的过程:

> 本来当宗教教派初形成的时候,信徒常认为其教主是具有超人力量的人,而其后不久更认为其教主是神,并加以崇拜。在基督教的历史上,耶稣在开始时还被认为是人,后来关于他的神话与日俱增,而在杜塞图主义风行以后,耶稣就被认为是神,而他和他的神灵及上帝成三位一体了。在佛教的历史上也有同样的情形,悉达多(名)·乔达摩(姓)这个人随着他所创造的宗教的扩大,很快就成为神,而被认为是"出世"(即超世界、不是凡人)的了。[1]

传入中土之初,佛教依附于当时流行的各种鬼神方术以及刚刚产生的道教,佛教被作为鬼神方术的一种,"神"的观念在中国佛教中开始生根,佛教中国化的一个重要途径就是佛教的方术迷信化。[2] 在中国化的过程中,佛教特别是大乘佛教实现了蓬勃的发展,大乘佛教在神化佛陀的同时,也在神化"上求菩提,下化众生"的菩萨。作为理想人格的菩萨偶像随着德化功能的加强而发生变异,由初入中土时与中土神仙方术相依附的水火不入、刀枪不伤的神通形象,变化为活生生的与中土伦理生活水乳交融的种种形象,诸如"送子观音"、"发财菩萨"、"大愿菩萨",等等。[3] 在中国民间,佛、菩萨作为神而为百姓顶礼膜拜。

为应对反鬼神迷信、反宗教运动的严重冲击,晚清时期的梁启超、章太炎等人试图祛除佛、菩萨的神化色彩,将佛、菩萨还原为道德人格化的人或众生。在梁启超看来,佛教区别于其他宗教学说的一个地方,就是

---

[1] 汤用彤:《康复札记·佛与菩萨》,《汤用彤学术论文集》,中华书局 1983 年版,第 317 页。

[2] 参见洪修平:《禅宗思想的形成与发展》,江苏古籍出版社 1992 年版,第 2—3 页。

[3] 王月清:《中国佛教伦理研究》,南京大学出版社 1999 年版,第 158 页。

佛教"横空虚无,竖尽来劫,取一切众生而度尽之"①。章太炎主张佛教
是无神论,释迦牟尼不过是尊崇一个历史人物,"于是尊仰并崇拜之,尊
其为师,非尊其为鬼神。虽非鬼神,而有可以崇拜之道,故于事理皆无所
碍"②。在此基础上,章太炎指出无神的佛教有助于实现人类自由、平
等,有神论则将神凌驾于人类之上,人人都崇奉神,人的自由与平等再无
可能。

民国建立后,佛、菩萨的道德人格形象更加突出。在分析佛、菩萨神
化的原因基础上,印顺指出这一状况已成为制约人间佛教发展的大障
碍:"佛陀怎样被升到天上,我们还得照样欢迎到人间。人间佛教的信仰
者,不是人间,就是天上,此外没有你模棱两可的余地!"③针对当时净土
宗掺杂灵魂之说的现象,杨度认为:"灵魂纯为妄说,净宗亦病模棱,似是
而非,易生误解,非善法门。予自有第一次之大疑,乃悟灵魂说为外道,
而非佛法。"④印光弟子黄智海认为,佛与菩萨都是人,并不是什么鬼神。
在太虚看来,佛、菩萨代表一种道德人格,不是鬼神,菩萨甚至为改良社
会的道德家,"佛非宇宙万有的创造者,亦非宇宙万有主宰者,乃是宇宙
万有实事真理的觉悟者;将佛亲自所觉悟的道路,如实说出来,而使人也
依之去行,便是佛教",菩萨也不是普通人心目中的偶像,而是"为求觉的

---

① 参见梁启超:《论宗教家与哲学家之长短得失》,《梁启超哲学思想论文选》,北京大学
  出版社 1984 年版,第 143 页。
② 章太炎:《建立宗教论》,《章太炎全集》第四册,上海人民出版社 1985 年版,第
  416 页。
③ 印顺:《契理契机之人间佛教》,《印顺集》,中国社会科学出版社 1995 年版,第
  118 页。
④ 杨度:《新佛教论答梅光羲》,《章太炎集·杨度集》,中国社会科学出版社 1995 年版,
  第 192 页。

有情众生,即随佛修学、立志成佛的佛弟子"。^① 在社会动荡、相互残杀、道德沦丧的时代,菩萨视一切有情众生为平等关系,由一切众生的苦难而生悲悯心,"菩萨是觉悟了佛法原理,成为思想信仰的中心,以此为发出一切行动的根本精神,实行去救世救人,建设人类的新道德;故菩萨是根据佛理实际上去改良社会的道德运动家"^②。当中华民族处在最危险的时候,国民需要通过牺牲自己来为民族、国家求生存求自由,"菩萨的行为,首先是不存心自私自利,能牺牲自己,为社会服务,替公众谋幸福……所谓菩萨行,即六度行"^③。

基于重人生的精神,一些佛教期刊直接以佛教的人生观念相标榜。近代佛教界影响最大的《海潮音》杂志,以"发扬大乘佛法真义,应导现代人心正思"^④为口号,立志成为人海思潮中的觉音。三十年代在汉口创办的《正信》杂志,标榜"发达人生","尤其是在家学佛的人们,更应当发大菩提心,负起以'人乘教法'建设'人间净土'的责任"^⑤。经过创刊、复刊的《人海灯》杂志,对佛教的人生观进行新的诠释,其"复刊词"言其宗旨:"'人'是指人世间竖鼻横目的动物,不问他是'红'、'黄'、'黑'、'稷',只要是人,一只要是富于理性,而秉着四肢五官圆颅方趾的人,不分种族,不分性别,都在其中。'海'的寓意,因人间的林林总总,形形色色,无以名之'海'……'灯'是能灼破黑暗而导人以光明的意义……可以配得

---

① 参见太虚:《怎样来建设人间佛教》,《太虚大师全书》第二十四卷,(台湾)善导寺佛经流通处 1980 年刊印,第(五)435 页。
② 太虚:《怎样来建设人间佛教》,《太虚大师全书》第二十四卷,(台湾)善导寺佛经流通处 1980 年刊印,第(二五)455 页。
③ 太虚:《菩萨行与新生活运动》,《太虚大师全书》第二十一卷,(台湾)善导寺佛经流通处 1980 年刊印,第(一)713—(三)715 页。
④ 《海潮音月刊出现世间的宣言》,《海潮音》1920 年第 1 卷第 1 期,第 8 页。
⑤ 《民国佛教期刊文献集成》目录 1,全国图书馆文献缩微复制中心 2006 年版,第 20 页。

上导人以光明的灯了。"①1940 年创设的《人间佛教月刊》直接以"人间佛教"为刊名,以宣扬佛教的改革思想,促进佛教的近代转变,走人间佛教道理为宗旨。四十年代中期创办的《世间解》杂志,声称"本刊取此为名,意思是非常明显的,就是要显扬佛理,或说是研究人生之道","稿约"也明确规定,"性质以显扬佛理、研讨人生问题为限"。②

　　此后,佛教界一些进步人士继续阐发佛教的人生观念。巨赞(万均)法师认为"人总是文化的中心",佛教也是注重人的,"释迦牟尼的舍位出家,完全为的是想解除人生的苦痛而进求自在解脱,所以他的宇宙论也是拿人生问题做中心的"。③ 演培主张通过发扬人生的道德造成人间的乐土,认为生存是世间佛法的中心,"生存是人类的共欲,十善也应是人类的共行,能行十善,才不愧是人",这十善"扩而充之,大乘佛法也尽在其中"。④ 此时战争、残杀就是人类违反了十善的道德律,向十恶的绝路前进,佛教徒应当发扬人生道德,遵循珍爱生存、生命的十善业道,坚守和乐共存的原则,实现人间的净土。面对时人指责佛教为非伦理、非人生的说法,太虚明确指出佛陀以一切众生为说法对象,佛法实际上是人类众生的说法,佛教伦理不能离开人间,这五乘教法,"最注重于人生道德,为五乘人所共同修学,所以叫做五乘共法",而五乘共法"就是重在说明人生的道德——教人应该养成怎样善的思想和善的行为,方算是人生社会合于理性的道德"。⑤ 在太虚眼中,佛教的人生道德主要体现在善

---

① 《民国佛教期刊文献集成》目录 1,全国图书馆文献缩微复制中心 2006 年版,第 22 页。

② 《发刊辞》,《世间觉》1947 年第 1 期,第 1 页。

③ 万均:《新佛教运动与抗战救国》,《狮子吼月刊》1944 年第 1 卷第 3、4 期合刊,第 7 页。

④ 演培:《佛法的善生之道》,《觉音》1941 年第 30 期第 30 至 32 期合刊,第 18 页。

⑤ 太虚:《佛学之人生道德》,《太虚大师全书》第三卷,(台湾)善导寺佛经流通处 1980 年刊印,第(四)162 页。

生经的六方、十善等方面。从伦理意义上看,善生经的六方与儒家的五伦颇为相似,对于人生伦理道德的发明,还有过之而无不及;佛教的十善是从消极意义上讲的,若从积极意义上讲即是儒家的五常,而且佛教的十善道德比儒家的五伦道德更加周密详细,"从自他两利的道德的标准上,依于佛典说明道德的行为,则凡一切行为是害他的即是两害,一切行为是利他的即是两利。故佛教的道德行为,以不害他为消极的道德,以能利他为积极的道德:这就是佛教人生道德的结论"①。印顺沿着太虚的思路继续发展,认同"佛出人间,终不在天上成佛也","真正的佛教,是人间的,惟有人间的佛教,才能表现出佛法的意义。所以,我们应继承'人生佛教'的真义,来发扬人间的佛教"。② 通过上述诠释,人的地位得以提升,人生价值得到凸显,佛教逐步人生化、人间化。

在近代化的进程中,佛教界在对佛、菩萨进行道德人格化论证的同时,大大淡化了佛、菩萨的神学色彩,视佛、菩萨只为人、众生,这一点比道教界对神仙的道德人格化、基督教界对上帝与耶稣的道德人格化论证更为彻底。

二、神仙的道德人格化

自道教产生之日起,道教理论中的神仙就具有神圣性、神通性和神秘性。道教是以"道"为最高信仰而得名,历代道教诸派都以"道"为基本信仰,但"道"看不到、摸不到,道教信仰者只有潜心修道才能令道与生相守、相保,从而"得道","得道"以后才能长生久视、修成神仙。"通变之谓

---

① 太虚:《佛学之人生道德》,《太虚大师全书》第三卷,(台湾)善导寺佛经流通处1980年刊印,第(八)166页。
② 印顺:《佛在人间》,《妙云集》下编之一,(台湾)正闻出版社1983年版,第22页。

事。阴阳不测之谓神"①，"不离于精，谓之神人"②，所谓神仙就是道教理论中修真得道、法力无穷的长生不亡者，又称神人、仙人。可见，神仙既是终极性的"道"的人格化，又具有人所不可企及的神秘性和超人的神通能力。无论是道教信仰者所尊奉的最高尊神"三清"，还是天神、地祇、人鬼、仙真等神灵，都来去无踪，决定人的命运。到了明清时期，道教界自身的堕落更加拉大了神仙与人之间的距离，神仙神秘色彩十分突出。

在近代，一些道教学者通过解读《道德经》《庄子》来遮蔽"神"的形象、复活"真人"形象。胡朴安在《庄子章义》一书中，想通过倡导庄子理想中的人格即真人，以"产出理想中无为而治的政治"。在他看来，"大宗师之人格，谓之真人"，"真人"的神圣和神秘色彩较淡，人格化特征比较鲜明，已有别于传统意义上的神仙：

（一）有澈底的真知。普通的人皆因囿于环境之中。所谓国家、社会、民族、世界、君主、民主，一类的观念，皆是有时间空间性的。各个人的观点性，没有固定的。既非固定，便非真知，悉是一种假说的，谓之假人，不是真人。真人有真知，绝对固定，永久不变，看到宇宙本来面目，不受一切观点判断。

（二）与天地同道。天地是虚无，人也是虚无。出于虚，入于虚，生于虚，灭于虚，便是天地与我为一的境界。

（三）无入而不自得。既与天地为一，便无入而不自得，不受一切物质的伤害，不受一切环境的刺激，登高不栗，入水不溺，入火不热，无入而不自得。有了这种境界的人，便是真人，真人即是吾人的大宗师，即是庄子理想中的人格。由理想中的人格，产生出理想中

---

① 《周易·系辞上》。
② 《庄子·天下》。

的无为而治。①

一些道教学者还对神仙进行道德人格化的阐释。在《〈阐道篇二卷〉附学庸解》一书中，明善子突出神仙的人格内涵，神仙"不神而神"，并借黄帝之口说："人知其神而神，不知不神之所以神。人知外象有吉凶之兆，叩祷而求其应，不知自己身中有神，外可以通天地，内可修炼成道。显自己阳神通圣，何劳外求……炼成真人，乃谓神仙，故曰所以神也。人知有阴阳祸福之神，不知自己身中有出入神，能为了其生死也。"②《扬善半月刊》的读者在给陈撄宁的信中说："在扬善刊中，披读教言，知先生欲以神仙真传公开济世，慈悲救度，良堪钦佩。"③换言之，陈撄宁理论中的神仙以救世度人为基本任务，已完全道德人格化了。当然，由于道教界的相对封闭和道教伦理近代化进程相对缓慢，神仙道德人格化的倾向和程度没有佛、菩萨的道德人格化以及上帝、耶稣的道德人格化那样显著。

三、上帝与耶稣的道德人格化

神化色彩浓厚的上帝和耶稣形象不适应近代中国的形势，不能满足中国近代社会的迫切需要。1915年，马相伯在青年会开会演说词中指出，此时中国"所急需者，造物主给两嘴巴，从速革面洗心，崇尚道德也可"④。面对风起云涌的启蒙伦理思潮与救国救世运动，一些基督教学者为上帝、耶稣注入更多道德意义，为上帝和耶稣树立鲜明的人格形象，上帝、耶稣的道德人格特征日益明显。

---

① 胡朴安：《庄子章义》，《藏外道书》第三册，巴蜀书社1994年版，第505页。
② 明善子：《〈阐道篇二卷〉附学庸解》，《三洞拾遗》第一册，黄山书社2005年版，第501页。
③ 刘晶纯：《中华仙学》，《藏外道书》第二十六册，巴蜀书社1994年版，第210页。
④ 马相伯：《青年会开会演说词》，《马相伯集》，复旦大学出版社1996年版，第184页。

第一,上帝的道德人格化阐释。在早期的传教过程中,传教士将上帝描绘为一个在本体、性质、认知、道德上超越于人的存在,甚至将上帝描绘为一个超然于人、隔绝于人、抽离于人的"他者"或"他在"。启蒙者显然不满意这种与人隔绝的超然的上帝,于是对之展开批判,一些基督教学者开始尝试理论上的突破。在《问道津梁》一书中,高哲善认为"世间所作之善举,悉由上帝而来。凡诸善行,俱宜归之上帝"①。民国时期的吴耀宗则认为上帝不仅是人世间道德的来源,还"应当是道德能力的泉源"②。通过突出道德内涵和人格特征,上帝的道德人格形象逐步确立。近代基督教界代表人物赵紫宸对上帝的道德人格特征进行了详尽的论述。在论述耶稣的上帝观时,他认为上帝是人类的父,耶稣的人生观、社会观,都以上帝为父一理为基础,而这一理从字义与实际双方看,都是以道德为旨归的,"上帝与人既为父子,其关系自然是道德的,伦常的了"③。显而易见,作为造物主的上帝与人之间建立了一种非同一般的伦理关系,上帝爱的属性决定了其在创造人类时也爱人,赋予人类以人格和自由。1926年,赵紫宸在《基督教哲学》一书中讲道:

> 若预知为然,则上帝为固性的,而人生便为命运所专制,我们的冒险,信仰,仁义忠爱,便完全没有意义了。若上帝预定谁升天,谁入地,谁为君子,谁为小人,那末我们的道德,我们根基于冒险,奋斗,牺牲,仁爱,同情的道德便无意义了,而所谓意志自由,自由选择,人生基要的价值,便等于泡影空花了。④

---

① 高哲善:《问道津梁》,《东传福音》第十五册,黄山书社2005年版,第215页。
② 吴耀宗:《上帝在那里》,《天风》1945年11月12日,第65页
③ 赵紫宸:《耶稣的上帝观》,《生命》1921年第2卷第2册,第6页。
④ 赵紫宸:《基督教哲学》,《赵紫宸文集》第一卷,商务印书馆2003年版,第80页。

通过以上的分析,我们发现作为造物主的上帝虽然不受外物的限制,但受自己所创造的人类的人格限制,归根到底是受自身的限制。在四十年代写成的《基督教进解》一书中,赵紫宸对上帝的道德属性进行了一番描述:

> 上帝是阿拉法,是俄梅戛,是始是终,是无始终,无限量,全能,全知,全在,全仁,绝对,不变,创造的天父,化育万有的大主宰。这些德能是上帝超越的属性。上帝又是圣善慈爱的天父;圣善之爱,是上帝道德的属性。这两种属性是互相联络的,不能分开,因上帝独一,为一个统一的人格。①

此时,造物主的上帝已成为道德的化身,上帝的道德属性成为人类道德观念及其道德行为的源泉,"基督教的伦理,必要以人性中的上帝形像,人性中的道德之性,道德之律为根本。这个根本由于上帝自性之所发;故基督教的伦理基础,即是上帝自己"②。在对上帝进行道德人格化阐释的同时,基督教学者将更多的笔墨放在耶稣道德人格化的阐释上。

第二,耶稣的道德人格化阐释。耶稣为"神的儿子"和神圣的拯救者,而中国的圣人尧、舜、禹、孔子、老子、墨子和孟子都是世俗凡人,这让广大中国人无法接受。一些早期的传教士已开始有意识地弱化耶稣的神性特征,对耶稣进行道德人格化的阐释。在《马可讲义》中,传教士花之安强调耶稣是"神而人",是真正道德的代言者和践行者。通过对耶稣基督医病逐鬼、捐物救人等救世奇迹的描绘,他认为耶稣"是救主之御,乃希利尼方言,即犹太所谓弥赛亚,为受膏者之意。所司三职:一先知之

---

① 赵紫宸:《基督教进解》,《赵紫宸文集》第二卷,商务印书馆 2004 年版,第 128 页。
② 赵紫宸:《基督教的伦理》,《赵紫宸文集》第二卷,商务印书馆 2004 年版,第 496 页。

职，如摩西，即以真理教民，其为道之基址，后使徒亦继之，有真理之神导之；二祭司之职，如麦基洗德，缘人舍身为祭，在上帝前为中保，为无玷之羔羊，锡将来之福祉，代人祈祷，祝福下民真能赐人之安……三王之职，如大卫，但其国非属乎世，至升天后再获其荣……（耶稣）居上帝之第二位，称曰上帝子……曰受膏者，曰盟约之使，曰上帝之臣"①，成为世间善行的动力与来源。中国基督教青年会对耶稣的道德人格化阐释是一个典范。早在十九世纪七十年代，中国境内已有了基督教青年会，即上海租界内出现的由外国人组织的青年会。1895 年，中国学生基督教青年会在福建与通州的教会学校里正式创建。1897 年 1 月，全国 27 个大学的青年会组织，在上海召开了青年会第一次全国大会，成立了中国学校基督教青年会。这个在近代中国影响很大的基督教组织，逐步将基督教教义中国化，传统超自然的耶稣向社会的耶稣转变，神的耶稣逐步转化为人的耶稣。对中国人来说，这样的耶稣更具吸引力，耶稣成了中国社会、政治和经济生活的模范。② 可以说，青年会与中国宗教传统、中国伦理传统接触的一个产物，就是在耶稣这个特殊人物身上复活了儒家伦理的道德力量。

　　一些基督教学者③对耶稣的道德人格特征进行论证。吴耀宗借用历史耶稣概念，强调耶稣的人格价值，突出基督教《登山宝训》中的伦理性教义，强大耶稣的道德人格是现实生活中四分五裂的人生得以和谐的基础。汪维藩说，徐宝谦皈依基督，并非因为基督教的神学和信条，而是由于耶稣圣洁的、牺牲的、爱的道德人格。通过考证，王治心认为，"《圣

---

① 花之安：《马可讲义》，《东传福音》第十三册，黄山书社 2005 年版，第 291—292 页。

② ［美］邢军：《革命之火的洗礼：美国社会福音和中国基督教青年会 1919—1937》，上海古籍出版社 2006 年版，第 82 页。

③ 许多基督教学者本身就是中国基督教青年会成员，如赵紫宸、谢扶雅、徐宝谦、刘廷芳、吴雷川、吴耀宗、余日章、张伯苓等。

经》说耶稣是历史的人格","《圣经》以外的书,也说耶稣是历史的人格"。① 赵紫宸认为基督教伦理与耶稣基督不可分离,"基督教的伦理学是建立在上帝在耶稣基督的启示之上的,启示因此是基督教道德的根源与基础。因此道德与神学同一源泉,道德的理论是神学的一部分,往往被称为道德神学……耶稣基督所启示的,第一是善范,第二是诚命,第三是标准,第四是权能,第五是归宿"②。耶稣与人没有质的差别,而是一种道德人格的楷模、标准和规范,"人而神"抑或"神而人"的耶稣就为人类指明了得救的方向与道路。从总体而言,赵紫宸描绘中的耶稣是道德人格化的耶稣,是完美道德的化身,善范是道德的模范,诚命是圣善的上帝赋予人的本性,标准是以道德的模范为标准,权能是叫人实行道德行为的权能,归宿是人们道德生活与行为的最终目的。③ 正因为具有道德属性,耶稣就成为纠正中国近代社会道德沦丧和政治腐败的关键人物。

第三,突出人本色彩。在太平天国的理论创造和社会实践中,自由、平等观念被挖掘和复活,男女平等观念被积极倡导,正如简又文所言,太平基督教伦理存在很多缺陷,但积极价值不容否认:"太平基督教的伦理尚有一点至足述者,即是每一个人的人格价值均提高了。因为在天父之下,男人女人皆是其子女,人人是兄弟姊妹,人格尊贵而平等。这是凡基督教真道所传到地方之必然发生的转变。"④谢扶雅认为倡导人本主义成为民国后中国基督教的一大特色。1925 年,他在回顾基督教十余年的发展时,认为现今的基督教观是建立在五种主义之上的,第一种主义

---

① 王治心:《评基督抹杀论》,《东传福音》第二十册,黄山书社 2005 年版,第 692—693 页。
② 赵紫宸:《神学四讲》,《东传福音》第十五册,黄山书社 2005 年版,第 592 页。
③ 唐晓峰:《赵紫宸神学思想研究》,宗教文化出版社 2006 年版,第 121 页。
④ 简又文:《太平天国典制通考》下册,(香港)简氏猛进书屋 1958 年版,第 1813—1814 页。

就是人本主义,基督教界的进步人士认识到宇宙中若没有人,也就没有了神;没有上帝,人固不能成就什么,但上帝无人,同样不能有丝毫的成就。"提高了人的地位,乃是尊崇了神的地位;因为上帝的仁义和智能,只有在'人'的当中显现出来。我们若要寻求宇宙实在之价值,必须寻得'人'的价值。人非为宗教而设,宗教乃为人而设。"①在一定意义上讲,突出人的价值和提升人的地位已成为基督教思想发展史上的一次大革命。吴耀宗认为人具有神圣的价值,"一切制度,无论是宗教的,或政治的,都是为人的需要;等到它不能适应人的需要,或是违反人的需要,人就有权利把它改革,把它推翻"②。他批评将宗教与人间分离的做法,认为"宗教的代表者恰恰是'人',宗教所欲改造的对象也恰恰是'人'。尤其是基督教,它所以能高于其他宗教的,而不被时代怒潮淘汰的,就是它最能接近'人',最能为'人'所需要"③。赵紫宸认为宗教不能无视人,道德不能离人而存在。他批评了当时社会上流行的几种道德学说,"在今日的世界上道德几乎是完全破产了,所存的仅有功利主义、享乐主义与实验主义。这些主义,简直是同实而异名的"④,上述道德学说都视人为工具,无"人"的学说只会使人生的意义无处体现,整个社会的道德终将会陷入堕落,只有基督教伦理才是真正尊重人的、成全人的,是真正能够促进社会道德进步的。王治心主张建设"人生宗教",认为"宗教是为人生而有的,离开人生,便无所谓宗教"⑤,宗教必须与人的实际生活打成一片。王治心要建设的本色基督教,洋溢着中国文化以人为本的精神,

---

① 谢扶雅:《基督教新思潮与中国民族根本思想》,《本色之探——20世纪中国基督教文化学术论集》,中国广播电视出版社1999年版,第39—40页。

② 吴耀宗:《人的价值》,《天风》1949年6月8日,第32—33页。

③ 吴耀宗:《基督教与新中国》,《东传福音》第十七册,黄山书社2005年版,第474页。

④ 赵紫宸:《神学四讲》,《东传福音》第十五册,黄山书社2005年版,第594页。

⑤ 王治心:《中国宗教思想史大纲》,生活·读书·新知三联书店上海分店1988年版,第228页。

其建设的本色基督教是人生化、人间化的宗教。

第二节 新伦理观念的宗教阐释

近代各种伦理思潮的勃兴,为源远流长的中国传统伦理注入了新的伦理资源。在梳理我国伦理学说之沿革时,蔡元培指出:"近二十年间,斯宾塞尔之进化功利论,卢骚之天赋人权论,尼采之主人道德论,输入我国学界。青年社会,以新奇之嗜好欢迎之,颇若有新旧学说互相冲突之状态。"①一批伦理学家以西方的自由平等观念、进化伦理为标尺,直面中国人的道德状况,反思中国传统伦理观念,极力主张进行国民道德教育,塑造独立的道德人格,推动这些新观念在社会各界流行,引领了中国近代伦理思想的变迁和社会风气的嬗变。为摆脱困境和跟上时代步伐,宗教学界的进步人士努力融摄新观念,并依据宗教教义对这些新伦理观念进行积极的宗教阐释。

一、自由平等的宗教阐释

明清之际思想启蒙的延续、西方自由平等观念的强势入场,使自由平等观念在近代伦理思潮中占据举足轻重的地位,甚至成为其他伦理观念的基础和前提,倡导自由平等也成为思想界的大势。宗教界逐步复活宗教伦理理论中的自由平等资源,回应新兴的自由平等伦理观念,并努力对自由平等进行时代阐释。

(一)自由平等观念的佛教阐释。为完成维新、革命的历史任务,清末许多进步思想家纷纷从佛教理论中寻找关于自由平等的资源。在梁启超看来,"三界唯心之真理"能"除心中之奴隶",佛教主张的万法唯心

---

① 蔡元培:《中国伦理思想史》,东方出版社1996年版,第2页。

就是"除心中之奴隶"的自由,"苟知此义,人人皆可以为豪杰"。① 谭嗣同认为,佛教的大慈大悲意味着人我平等,无有高下。章太炎则依据佛教的"依自不依他"学说,阐发意志自由思想,认为:"非说无生,则不能去畏死心;非破我所,则不能去拜金心;非谈平等,则不能为奴隶心;非示众生皆佛,则不能去退屈心。"② 对传统佛教自由平等观念的上述阐释,为传统佛教自由平等观念增添了时代色彩,也开启了民国时期佛教界对传统佛教自由平等观念的时代阐释之路,对新伦理思潮中自由平等观念的佛教化阐释之路。

民国成立后,佛教界加大对自由平等观念的阐释力度。在 1912 年10 月创办的《佛学丛报》的发刊辞上,创办者对自由、平等进行了佛教式的诠释,"不悟缘生之理,则自由未属完全;不发慈悲之心,则平等亦非究竟"③。在沧江看来,世界各大文明虽存在种种差异,"夫信教自由,言论自由,文明公理,并行不悖"④,而佛教又有独特之处,是平等之教,"望人之成佛也,则劝以发大心;恐人之不思成佛也,则责之为败种。其平等为何如哉? 中国今日,专制之威未尽,共和之利未彰,家喻户晓,移风易俗,期以百年犹恐未当使以宗教所诠为政治之原理,平等之说化人心于不知,功效将来,不可思议"⑤。1923 年 1 月创刊的《佛化新青年》,以"研究佛学真理,用以普化人类,使自由、平等、慈悲完全实现为宗旨"⑥,并在创刊号上提出:"要使各界的兄弟姊妹们,都知道我们的宗旨同我们的志

---

① 梁启超:《惟心》,《梁启超哲学思想论文选》,北京大学出版社 1984 年版,第 40 页。
② 章太炎:《建立宗教论》,《章太炎全集》第四册,上海人民出版社 1985 年版,第 418 页。
③ 《佛学丛报》1912 年第 1 期发刊辞。
④ 沧江:《论佛教与国民之关系》,《佛学丛报》1912 年第 1 期,第 1 页。
⑤ 沧江:《论佛教与国民之关系》,《佛学丛报》1912 年第 1 期,第 3 页。
⑥ 《民国佛教期刊文献集成》目录卷一,全国图书馆文献缩微复制中心 2006 年印,第 5 页。

愿,件件皆是实行的,不如空说的,是实在的,不是假设的⋯⋯本一己之良心的觉悟所到,去作大无畏、大牺牲,向着光明自由的路上进行,将众生不成佛,誓不成佛的担子,放在自己的肩上,来作佛化的新青年大运动。使世界上残暴的人化为仁慈⋯⋯一切兵祸残杀流血的事,完全消去,自由平等安乐的事,完全产生。"[1]1924年2月,厦门佛教界成立了闽南佛化青年会之居士佛教组织,"以大乘佛教救世精神,宣传佛法,普济人类,使真自由、真平等、真极乐世界实现于人间社会"为宗旨,在社会上掀起了革新佛教的新佛化运动。[2] 创办于1926年的《楞严特刊》,以"自由平等是佛的主义"为宣传口号。结合当时的社会形势,观自在《楞严特刊》上指出:"国民政府的目的,是接受总理的遗嘱⋯⋯使人类达到真正自由平等的地步。但我们以为要达到真正的自由平等,方法自然是很多,但彻底的方法,最好提出一个真正的自由平等的学说,向社会上宣传,使人人去研究,由研究而信仰,由信仰而用实力来拥护,那末,自由平等,岂虑不能实现","而有真正自由平等的学理的学说,人人都承认是佛学"。[3]蔡慎明指出,佛以慈悲之心度化众生,"无我而救世者,佛之性也"[4]。高剑父认为"佛的宗旨是要把我们本有的位置积极提高! 救度众生同诣于平等的位置!"[5]仁云在1927年的《佛化旬刊》上指出,社会上存在的种种不平等现象都是由"众生心不平等"造成的,如果不理解这一点,通过革命实现平等的做法是不能实现的。1929年,明道在论述佛教教义与三民主义的关系时强调,佛教教义"以反妄归真、彻底自性为体,

---

[1] 《佛化新青年会对于世界人类所负的八大使命》,《佛化新青年》1923年创刊号,第7页。
[2] 《民国佛教期刊文献集成》目录卷一,全国图书馆文献缩微复制中心2006年印,第11页。
[3] 观自:《国民政府下的佛化运动》,《楞严特刊》1926年第2期,第11页。
[4] 蔡慎明:《释佛》,《楞严特刊》1926年第2期,第14页。
[5] 高剑父:《学佛徒今后实行应有的觉悟》,《楞严特刊》1926年第10期,第120页。

慈悲救世、利乐有情为用"，无论何种国体，佛教教义都具有道德教化、救世利民的功用，"佛教之与三民主义固有相辅相成之功用"，"（佛教的）平等主义正与民族平等独立之主义相为表里也"。① 四十年代中期，平伯在《世间觉》杂志上阐发佛教的自由、平等观，认为佛教以施度惩贪，以戒祛痴，忍度息嗔，依次而做，人生就会得到真正的自由；中国的"平等"一词最初发现于佛经，"佛主张一切平等，不但人与人平等，众生与佛亦平等"②。相对于平等，自由更为重要，"世间一切，都可自由，只有私欲，不能自由；一切都可平等，只有强弱，不能平等；比而同之，是乱天下也。心的解放，乃是真正的自由，佛经所谓无挂碍是也"③。

对自由平等的论证最为充分、阐述最有突破的当属太虚。在1927年撰写的《自由史观》中，太虚认为自由平等观念是随着自然科学的发展和人类认识能力的提高而得到发展的，其中"平等者，指人人之自由当平等耳，舍自由则无所谓平等"，解决平等问题也就要解决自由问题，"'自由，自由，不自由，毋宁死'，此真确立近代自由运动之基石也"。④ 不过，太虚对西方的自由观念并不完全认同，认为人会受到身体饥寒、疲惫、生老病死、社会制度、习惯、风俗、时空、心境等方面的桎梏，也不生而自由，但人有自由意志，"在人生哲学上研究起来，人类是有自由的，不是如机械的。人生有道德责任，故当有人生的自由意志，人生的意义和价值，就在自由价值"⑤。如此强调自由意志的重要性，是否意味着只靠自身努力即可达到自由平等的理想呢？答案当然是否定的。唯佛才是真正的

---

① 释明道：《佛教教义与三民主义之关系》，《佛化周刊》1929年第121期，第1页。

② 平伯：《今世如何需要佛法》，《世间觉》1947年第1期，第6页。

③ 平伯：《今世如何需要佛法》，《世间觉》1947年第1期，第6页。

④ 太虚：《自由史观》，《太虚大师全书》第二十四卷，（台湾）善导寺佛经流通处1980年刊印，第（二一）267页。

⑤ 太虚：《人生的自由问题》，《太虚大师全书》第二十一卷，（台湾）善导寺佛经流通处1980年刊印，第（三）667页。

现实主义者,而现实主义才能使人类"因以解放其被囚"而获得自由、实现平等。在现实领域,要用佛教的自由史观创建一种倡导自由平等的世界教育、社会经济和国际政治,从而实现人的自由平等,即"师自由而佛陀,师佛陀而自由,个个成佛陀,人人得自由!"①在论佛法与救国的关系时,太虚论证了自由平等是活泼的,而不是机械的、呆板的,因为佛教的无自性义告诉人们诸法皆空,"但空非坏灭了名空,是诸法由因缘而生,无固定体性而说曰空。但众缘而生亦是机械的、呆板的,以其无自性而由心力可以转动,故成为活泼的、尊严的,依此理而行,即可得到活泼的自由平等"②。

女性自由平等问题受到特别关注。在太虚看来,世界各国女子,"为社会之一分子,故应有立身社会之职业","为国民之一份子,故亦有参与政治之权利",但中国女子仅在家庭中拥有淑女、良妻、贤母地位,在社会、国家中无地位,这种现象已经与时代潮流不符。他认为中国女性,"在家时,对于父母仍应为淑女,出嫁时,对于丈夫仍应为良妻,年长时,对于子女仍应为贤母;而对于社会与国家,亦行其一份子之事业。更扩而充之,有时于世界人类乃至宇宙万有相生相养之关系。将已上之地位统括起来,集成为一个全人,以建立其完全之人格"③。常惺认为,两性问题不是简单的男女关系,而是人类的最大问题,佛法的两性解决法是建立在无我的真爱基础上,是彻底的、圆满的,人们依照佛法,"或走小乘断爱的路,或走大乘真爱策路,那是随各人心理的要求和环境的不

---

① 太虚:《自由史观》,《太虚大师全书》第二十四卷,(台湾)善导寺佛经流通处1980年刊印,第(一〇一)347页。
② 太虚:《佛法与救国》,《太虚大师全书》第二十四卷,(台湾)善导寺佛经流通处1980年刊印,第(七)66页。
③ 太虚:《怎样做现代女子》,《太虚大师全书》第二十二卷,(台湾)善导寺佛经流通处1980年刊印,第(六)1329—(七)1330页。

同"①,这样才能从根本上实现人的自由平等,才最能符合时代的要求。

强调人与动物平等的伦理观念得到推崇。为弘扬佛法、倡导仁爱、劝人戒杀,弘一法师和学生丰子恺于1927年编绘《护生画集》。在《护生画集》中,一幅描绘一人与一犬类动物对视场景的画被命名为"平等",并附诗一首:"我肉众生肉,名殊体不殊。原同一种性,只是别形躯。"②一幅题以"囚徒之歌"的画描绘了一只鸟身在笼中的景象,并附诗一首:"人在牢狱,终日愁郁。鸟在樊笼,终日悲啼。聆此哀音,凄入心脾。何如放舍,任彼高飞。"③在《护生痛言》中,李圆净对上述观念作了进一步阐释,"物虽不具人之形,却具有人之情,无不各爱其命,知痛怕死的。那么,为人者,实在应当以待人者待物,断不该因其形体上的不同,而有判然的分别了。在这一点上,我们至少该得认定生物界中最根本的原则,就是禀天地间生生之气,彼此息息相通,而绝对无可歧视的"④。佛教界在倡导人与动物平等的伦理观念时,不仅积极阐释传统佛教伦理,也在努力借鉴近代西方伦理,正如《护生痛言》后附录《保护动物之新运动》一文所写,"西洋从欧战之后道德观念,为之一变,已由人类而推及动物,因此有保护动物之新运动"⑤。

(二)自由平等观念的道教阐释。清末一些道教学者已开始挖掘道教伦理中的自由平等资源。光绪年间,近代思想家严复评点《道德经》,以老子学说比附西方平等学说,成《老子道德经》一书。在他看来,"然孟德斯鸠法意中言,民主乃用道德,君主则用礼,至于专制乃用刑。中国未

① 常惺:《佛法的两性问题》,《海潮音》1931年第12卷第2期,第203页。
② 弘一:《弘一大师法集》第五册,(台湾)新文丰出版公司1974年印行,第2268页。
③ 弘一:《弘一大师法集》第五册,(台湾)新文丰出版公司1974年印行,第2232页。
④ 弘一:《弘一大师法集》第五册,(台湾)新文丰出版公司1974年印行,第2283—2284页。
⑤ 弘一:《弘一大师法集》第五册,(台湾)新文丰出版公司1974年印行,第2311页。

尝有民主之制也,虽老子亦不能为未见其物之思想,于是道德之治亦于君主中求之,不能得,乃游心于黄农以上,意以为太古有之。盖太古君不甚尊,民不甚贱,事与民主本为近也,此所以下篇八十章有小国寡民之说……呜乎,老子者,民主之治之所用也"①。通过比附西方的平等学说,严复认为道教具有平等精神,此种平等精神仍能为近代中国民主政治所用并亟待复活。

民国成立后,一些道教学者积极回应自由平等诸学说,倡导自由平等理念。在这些学者中,陈撄宁最具代表性。从理论上分析,道乃宇宙万物所公有,不为少数人所私有,假如修道之事,只让极少数富贵阶级独有,而贫寒者无分,则不能成道了;从实际效果来看,"仙道工夫,不问老少,皆能有成,就怕人不肯做"。② 正因为如此,他主张"道为公有"、"平民有分",积极普及仙学,"不肯让仙术为富贵人所独占,以致平民无分",③凸显了道教伦理的自由平等精神。对此种精神的践行,一方面体现在他义务为学道之人编写教材、回答问题上,即"对于撰稿选材,乃纯粹义务性质,无丝毫利益可言,所以乐此不疲,数年来如一日者,因欲普及仙学之故耳。若以'自了汉'测我,非我之知音也,果真是'自了汉',早已投笔而去矣,舞文弄墨何为哉! 为名乎? 虚名何益? 为利乎? 利将安在?"④另一方面则体现在他用平实语言、白话形式注解道书、发表文章上。陈撄宁清醒地认识到,"学者读丹经最感困难的,就是同样的一个名词,无论在什么方法上都可以混用","世上流传的各种丹经道书,都病在

① 严复:《老子道德经》,《藏外道书》第二十二册,巴蜀书社 1994 年版,第 103 页。
② 陈撄宁:《中华仙学》,《藏外道书》第二十六册,巴蜀书社 1994 年版,第 182 页。
③ 陈撄宁:《中华仙学》,《藏外道书》第二十六册,巴蜀书社 1994 年版,第 183 页。
④ 陈撄宁:《答复广东琼州王寒松君》,《道教与养生》,华文出版社 2000 年版,第 448 页。

笼统,理路不清,阅之往往令人生厌"。① 为了便于广大学道之人理解、掌握,他用白话注解《灵源大道歌》,这无疑顺应了时代的要求,成为道教伦理发展史上的一次语言革命。

在近代,女性自由平等问题受到道教界的普遍关注。在《扬善半月刊》第63期上的《仙佛判决书》一文中,钱心通过比较两家的理论和宗旨,断言仙道是男女平等的,佛法是重男轻女的。在《仙道男女平等论》一文中,澄虚对仙道是男女平等的观念作进一步的阐发:

> 吾国陋习,凡百事务,莫不重男轻女。对于宗教家及迷信家,则尤甚,而视女子为秽物。其称男子曰"八宝之体",称女子则曰"五漏之躯"。此种口习,其重男轻女之思想实甚。若女子有漏,男子何尚无漏? 诚不值识者一笑耳。唯吾仙道则不然。检诸丹经,且每言女子修炼,反较男子为速。此仙道男女平等之贵耳。②

陈撄宁认为女子在修仙资格上同男子一样,主张男女平等。在《孙不二女功内丹次第诗法》一书中,他指出:

> 世间各种宗教,其中威仪制度,理论工修,殊少男女平等之机会,独有神仙家不然。常谓女子修炼,其成就比男子更快,男子须三年做完者,女子一年即可赶到,因其身上生理之特殊,故能享此优先之利益。至其成功以后之地位,则视本人努力与否为断,并无男女高下之差,此乃神仙家特具之卓识,与别教大不同者。可知神仙一

---

① 陈撄宁:《〈灵源大道歌〉白话注解》,《仙学解秘——道家养生秘库》,大连出版社1991年版,第688—689页。

② 澄虚:《仙道男女平等论》,《中华仙学》,第389—390页。转引自刘延刚:《陈撄宁与道教文化的现代转型》,巴蜀书社2006年,第183页。

派,极端自由,已超出宗教范围,纯为学术方面之事。①

通过陈撄宁等人对自由平等理念的积极倡导,近代道教界的形象得到了很大程度的改观,道教伦理得到了许多进步人士的认可。

(三)自由平等观念的基督教阐释。自近代再次传入中国以来,基督教就以自由平等为武器批评中国本土伦理。德国传教士花之安认为,世间"惟耶稣仁慈普遍,不以吾人之微贱而弃之",清晰地表达了上帝面前人人平等的观念,但这与对中国本土伦理的激烈抨击联系在一起。他认为,"五伦由于私恩,私恩由于情欲,情欲由于血气,故五伦之道无他,不过血气之性而已……耶稣圣道,犹以五伦为粗浅,五伦不过圣道之一端耳"②。其中,妇女地位低下、不自由的现实尤为不合理,"中国有'七出'之条,六条皆不合宜。无子出妻一条尤为悖理"③。况且"人伦不止五",五伦之外还有师长之伦、官民之伦、交际之伦、同师之伦,有父族之伦、母族之伦、妻族之伦,"凡此皆在秩序之中、伦常之列,人之所不能离、不可缺也。若仅言五伦,其他悉以遗之,岂所以尽人伦乎!"④在十九世纪八九十年代的《教会新报》、《万国公报》等基督教报刊上,一些传教士或著文或翻译,初步表达了自由平等观念。在1899年4月的《万国公报》上,李提摩太翻译西学著作,传播西方自由平等理论:

> 今世之争,恐将有更甚于古者,此非凭空揣测之词也。试稽近世学派,有讲求安民新学之一派,为德国之马客偲[马克思]主于资

---

① 陈撄宁:《孙不二女功内丹次第诗法》,《道教与养生》,华文出版社1989年版,第182页。
② 花之安:《马可讲义》,《东传福音》第十三册,黄山书社2005年版,第168—169页。
③ 花之安:《马可讲义》,《东传福音》第十三册,黄山书社2005年版,第248页。
④ 花之安:《天地人三伦》,《东传福音》第十七册,黄山书社2005年版,第63页。

本者也。美国之爵而治[亨利·乔治]，主于救贫者也。美洲又有拍辣弥[贝拉米]，主于均富者也。英国之法便[费边]，尤以能文著。皆言人隶律法之下，虽皆平等，人得操举官之权，亦皆平等，独至贫富之相去，竟若天渊。①

戊戌变法以来，基督教理想主义经在华传教士的宣传提倡，已在中国知识阶层中产生一定影响。特别是在李提摩太向康有为、梁启超和光绪皇帝建议后，它更流衍成不同版本，散布在从改良到革命的各种主张中。这种理想的一个共同点，就是认为西方化的政体必须有一个西方化的宗教精神来统摄，"自由"、"平等"、"博爱"的理念必须要有"天赋人权"的信仰来支撑。② 正是在这种背景下，一些中国的基督徒知识分子开始对自由平等进行基督教神学的诠释、论证。不过总体而言，在中华民国成立之前，传教士对自由平等的论述相对较少，而且缺乏较为系统的理论论证。

民国成立后，基督徒为迎合新政权、缓和新伦理思潮的抨击，逐步加大对自由平等观念的宣扬和论证。在《问道津梁》一书中，高哲善倡导基督教的自由平等观念，批评儒释道的种种不平等、不自由观念。在他看来，基督教伦理认为上帝造人，无论男女一律自由平等，不过在现实中，中国妇女遭受早婚之害、奴婢之害、妇女缠足之害、溺女之害，遭受种种不平等、不自由的待遇。那么，妇女如何摆脱上述束缚，获取自由平等之权利呢？女子教育至关重要，妇女"不能与男子任平等之义务，而兴男子争平等之权利……为妇女者，其知所去取也夫，有教育之责者，其知所改

① 《万国公报》第128册，1899年4月，第16页。转引自顾长生：《传教士与近代中国》，上海人民出版社1991年版，第166页。
② 李天纲：《信仰与传统》，《马相伯集》，复旦大学出版社1996年版，第1258页。

良也夫"①,这是中国妇女之前途,也关系一国之前途。马相伯欲以基督教十诫作为未来宪法精神,说:"我因宗教的启沦,又知道天子也和我们一样,同为造物所造,同时有生有死,在上帝之前,同为平等,并没有什么神奇。"②

二十世纪三十年代之后,以简又文、赵紫宸、吴雷川为代表的一批基督教伦理学家对自由平等问题进行了较为系统的理论论证。在简又文看来,基督教伦理要实现近代化就必须认清当前形势,尊重人的自由平等权利,"我们为基督教徒深信基督教能给予我们以无上的精神价值和道德价值,安身立命,奋斗求生,都惟此是赖","今之提倡'中国化'的基督教者或许有偏于一端,重旧轻新,甚至变为反对西洋文化之反动派者,如此必悖乎现代潮流,赛德两先生将必不肯宽恕的"。③ 那什么是真正的自由平等呢? 在赵紫宸看来,"基督教的性质决定着基督教伦理学的性质。基督教跨着两个世界:一个是超越而内在的永恒世界,一个是流动而变迁的现实世界"④,"基督教是宗教,其道德是宗教的道德,跨着两个世界"⑤,因此人的自由平等以信上帝为基础,以爱上帝、盼望天国的来临为实现途径。在吴雷川看来,基督教以自由、平等、博爱三者为人类社会最高境界,认为个人自由的实现必须以坚实的物质为基础,以服从社会的道德规范为前提,"须知中国现时的急务,就是要使得物质的生活人人各得所需,同时又要使人人都知道节约自己,服从并维持社会的公

---

① 高哲善:《问道津梁》,《东传福音》第十五册,黄山书社 2005 年版,第 207 页。
② 马相伯:《我的孩童时代与宇宙观与宗教》,《马相伯集》,复旦大学出版社 1996 年版,第 1135 页。
③ 史美夫著,简又文译:《伦理的基督教观》,《东传福音》第十六册,黄山书社 2005 年版,第 147 页。
④ 赵紫宸:《神学四讲》,《东传福音》第十五册,黄山书社 2005 年版,第 592 页。
⑤ 赵紫宸:《神学四讲》,《东传福音》第十五册,黄山书社 2005 年版,第 593 页。

律。等到第一步实现之后,所谓精神生活,即一切道德的观念,自然更可提高。所谓个人自由,也因着全体的安宁,渐渐地得到真趣"[①]。在王治心看来,耶稣是自由平等的倡导者和践行者,认为三民主义中的民族主义与自由同义,民权主义与平等同义,民生主义与博爱同义,"而自由、平等、博爱的最初倡导者,要算是耶稣"[②],也就是说孙文主义和耶稣主义在倡导自由、平等、博爱方面是相通的。在讨论本色教会的时候,周风认为中国本土的一些风俗、观念与基督教伦理相容,有些甚至可以替代,而有的则是不能迁就的,譬如娶妾多妻、买奴置婢违反了自由平等的原则,因而就需要铲除,就属于不能迁就之列。[③] 抗战结束后,国内分为主张维持现状与改革革新两种势力。面对这种情况,吴耀宗认为基督教是革命的、进步的,"基督教对这时代的使命,就是要把现在以人奴隶、以人为工具的社会,变成一个充分尊重人的价值的社会,使人类不必再因利害的冲突、阶级的对立,而演成分裂斗争的现象",进而使"受压制的得自由",人人得以平等地生存。[④]

二、进化伦理的宗教阐释

进化论在近代中国影响深远。1923 年,蔡元培在《五十年来中国之哲学》一文中指出:"五十年来,介绍西洋哲学的,要推侯官严夏为第一……他译的最早、而且在社会上最有影响的,是赫胥黎的《天演论》(Huxley, *Evolution and Ethics and other Essays*)。自此书出后,'物竞'

---

① 吴雷川:《基督教与中国文化》,《东传福音》第十七册,黄山书社 2005 年版,第 765 页。
② 王治心:《孙文主义与耶稣主义》,《东传福音》第十七册,黄山书社 2005 年版,第 244 页。
③ 参见周风:《本色教会的讨论》,《东传福音》第十九册,黄山书社 2005 年版,第 787 页。
④ 参见吴耀宗:《基督教的使命》,《天风》1946 年 8 月 10 日,第 16—20 页。

'争存''优胜劣败'等词,成为人人的口头禅。"①其实在严复之前,进化论已在中国传播。1873 年,玛高温(MacGowan)和华蘅芳合作翻译了英国地质学家莱尔的《地质学初步》,介绍了莱尔的地层演化学说以及拉马克的生物进化论。美国传教士丁韪良在《西学考略》一书中,讲到了达尔文的学说。英国传教士理雅各和艾约瑟也不同程度地介绍过达尔文的进化论。只是到了十九世纪九十年代,达尔文、赫胥黎的著作和思想,特别是赫胥黎的《天演论》(今译《进化论与伦理学》)经过严复的介绍,才广为传播。据统计,1905 年由商务印书馆出版的《天演论》铅印本到 1927年已经重印至 24 版,《天演论》的翻刻版更达 30 种。随后,传教士李提摩太节译了英国进化论者颉德的著作《社会进化论》,并于 1899 年发表在《万国公报》上,进一步提升了进化论的社会影响。

进化论者主张人类道德是不断进化的,这与言必称周孔的道德观截然不同。在近代中国,承认、主张进化与否已不是一个简单的事实判断问题,更是一个价值判断问题。在梁启超看来,"夫进化者,天地之公例也,譬之流水,性之就下,譬之抛物,势必向心……"②李大钊、陈独秀在《新青年》杂志上宣扬进化论,认为伦理道德、文学艺术、语言文字的以新代陈是进步的。他们有意将"进化"和"进步"联系在一起,将这一自然科学理论变成充满价值意味的社会达尔文主义。对于进化伦理,宗教界内部有不同反应,有的宗教界人士持部分认同或基本认同态度,以宗教教义对进化伦理进行新的阐释。

(一)进化伦理观念的佛教阐释。在近代,一些佛教徒、佛教学者对进化伦理表达了不满,并进行了不同程度的改造。在章太炎看来,达尔

① 蔡元培:《中国伦理学史》,东方出版社 1996 年版,第 124 页。
② 梁启超:《论进步》,《梁启超哲学思想论文集》,北京大学出版社 1984 年版,第 109—110 页。

文、斯宾塞等人的进化论认为社会进化的结局必将臻于尽善尽美,这显然与现实不符,于是利用唯识宗关于善恶皆有、种理互熏的学说,改造叔本华的理论,创设了善恶俱进的"俱分进化论"。1913 年,天磐作《道德进化辟义》一文,批驳社会上流行的道德进化观念,认为此时人心变化之快是历史上没有过的,"而中国五千年来声明、文物、纲常、礼乐、政刑、法度、文章、道德乃无不俱变。其变之疾,刹那刹那"①,这是"无己之道德",根本不是道德进化。针对将时代进化归结为道德进化、公德代替私德是道德进化等论调,天磐认为上述观点实际上是"信他力而不信自力",是"假他人非我所有之道德为道德",是"皆人心善变而已",因此"彼一切异教、易学,断不忍使稍容于我中国以祸我",此后"真道德显,真进化成"。② 1923 年,善馨在《真进化论》一文中指出,社会上流行的进化理论都是虚假的,要知道真正的进化理论需要"研大乘法、闻无漏教"③,由闻而思、思而能修,善修善习、善多修习,进而出障圆明,这才是进化的真正含义。在天磐、善馨等人看来,新伦理思潮所倡导的进化观念是假进化,所说的道德是假道德。

一部分佛教徒、佛教学者对进化伦理表示认同。1926 年高剑父在《楞严特刊》上撰文指出,鸦片战争、甲午战争的接连失败告诉人们,时代思想是中国人最需要的了,其中最重要的是"要立着道德的观念","譬如我们从思想而产一种社会的需要,我们只是利用他去为社会服务,不要使他变作罪恶",并用佛教的"无我"、"无人"观念改造西方思想,这样,社会就不再昏暗,人类也就实现了真正的幸福。④ 张宗载认同进化伦理精

---

① 天磐:《道德进化辟义》,《佛教月报》1913 年第 4 期,第 1 页。
② 天磐:《道德进化辟义》,《佛教月报》1913 年第 4 期,第 5—6 页。
③ 善馨:《真进化论》,《佛化新青年》1923 年第 1 卷第 2 号,第 26 页。
④ 参见高剑父:《时代思想的需要》,《楞严特刊》1926 年第 2 期,第 17 页。

神,指出:"盖世界进化,会当有时;诸佛说法,尤在观机。"①1930年,印智法师在其创办的《正觉》月刊上表明了对进化伦理观念的认同,"宗教与社会之关系,已若昔日之单纯。倘仍故步自封、执著不化,以遗世独立为本旨,以闭门习静为常规,而于时势迁流,漠无闻见,则与社会之关系,日益隔绝。而宗教本身之生存力日益薄弱,其何以维持久远乎",必须"以阐扬教义、发展文化、适应时代潮流、指导僧众趋向为宗旨"。② 在《发刊辞》一文中,印智法师继续讲道,"至于今日之时代,诚为积极进化之时代……吾人亦当奋起直追,以杜绝外来无意识之侵害与破坏……以实现孙总理所言'救世之仁,救人之仁,救国之仁'"③。

在对进化伦理基本认同的佛教徒中,太虚对进化伦理作了大量阐释工作。通过哲学层面的分析,太虚认为佛教是一个主张进化的宗教,主张异生的流转、二乘的还灭、菩萨的进化和佛陀的圆常,"这五乘教法的教义,是说明由人乘进到天乘和声闻乘、缘觉乘、菩萨佛乘的进化论,而以人生为进化的基础"④。在种种进化现象中,"最可尊尚贵重之要点,固决在乎道德文化也"⑤。道德具有时代性,凡具时代性的道德都要随时代的发展而进化。诸如个人进化的道德、世界大同的道德、全宇宙进化作为真善美的道德,都是一般人民共同需要享受的,具有超越时代的特点。而诸如陈腐死板的道德、残存在民间并成为现代文化发展障碍的道德则已落伍于时代,应当被廓清、扫除。

---

① 张宗载:《今后真佛教之改进》,《楞严特刊》1926年第7期,第84页。
② 印智:《创办正觉月刊社宣言》,《正觉》1930年第1期,第112页。
③ 印智:《正觉月刊发刊辞》,《正觉》1930年第1期,第114页。
④ 太虚:《佛学之人生道德》,《太虚大师全书》第三卷,(台湾)善导寺佛经流通处1980年刊印,第(三)161页。
⑤ 太虚:《以佛法解决现世困难》,《太虚大师全书》第二十二卷,(台湾)善导寺佛经流通处1980年刊印,第(三)1162页。

（二）进化伦理观念的道教阐释。在清末这段时间里，道教界对进化伦理大多持拒斥态度，有些道士一闻"天演"、"进化"就掉头而走。当然，道教界也有进步人士认识到进化伦理的价值所在。《天演论》的翻译者严复本身也是道教学者，他既用道教伦理观念来比附进化伦理，又对道教伦理进行新的阐释。在严复看来，《老子》第五章所说"天地不仁，以万物为刍狗，圣人不仁，以百姓为刍狗"，正是"天演开宗语"，王弼注十分契合西方的进化理论，"此四语，括尽达尔文新理，至哉王辅嗣"①。这种阐释的做法，无疑顺应了时代的发展，推进了道教伦理的近代化进程。中华民国的成立对道教界冲击很大。为应对外在变化和谋求自身发展，一些道教界进步人士纷纷认同进化伦理，并将进化伦理融入道教理论中。在谈及中央道教会因何成立的时候，《道教宣言书》中写道："缘道教为中华固有之国教。国体革新，道教亦应变制，此中央道教会之所由发而亟欲振兴者也。"②《道教宣言书》的表述，表明道教界已逐步与"天不变道亦不变"的保守理念分道扬镳。

道教徒江希张充分肯定进化伦理的事实与价值。在 1919 年撰写的《道德经白话解说》一书中，他认为此时的人们"幸生世界进化，器学发明的时代"，但是"残毒不仁的人，窃取器学的功用，造成毒枪毒炮，杀戮天下同胞……照这样看来，是幸福反成祸殃，进化反成了进毒，进化到极点，便讲同胞都进化到枪林弹雨里去了"③。他眼中的进化，并不等同于器物层面的发明和发展。"盖圣人教育天下人，必先教人有道德的知识，然后教人有技能的知识，则技能可以助道德，道德借技能而益彰，道德彰天下自然太平。不教人以道德，先教人以技能，则技能助人情欲而道德

---

① 严复：《老子道德经》，《藏外道书》第二十二册，巴蜀书社 1994 年版，第 94 页。
② 《道教宣言书》，《藏外道书》第三册，巴蜀书社 1994 年版，第 472 页。
③ 江希张：《道德经白话解说》，《藏外道书》第三册，巴蜀书社 1994 年版，第 577 页。

坏,道德坏天下自然要乱,这是近数百年来天下变乱的大病源。"①可是世人既不明白进化的真正道理,也不能真正了解老子学说,对老子学说有偏见,"反说老子清静无为,阻人的进化,那知老子的无为,不是土木偶人,一无所为,是无为无所不为"②。显然,江希张要告诉人们,道教是主张进化的,道教所主张的进化伦理才是全面的正确的。

道教学者陈撄宁认同人类进化的观念,主张仙学应当与时俱进。陈撄宁曾师从严复,深受进化论思想的影响。在《众妙居问答续八则》一文,他承认人类的进化现象,"须知进化是无止境的,古代这猿既能进化为今日之人,安知今日之人,不能再进化为将来之仙? 世俗一闻到仙字,每觉得奇怪不可思议,若在猿类的眼光中看我们人类,也不可思议,因为彼此程度相差太远,遂有这种感想,并非不可思想。但不能坐待,应当积极发挥自己的创造能力,若一切听其自然,非但不能进化,恐怕还要退化"③。显然,猿可以进化为人、人也应不断进化的论述,反驳了今不如昔的复古主义论调,表达了今人胜古人、后人胜今人的观念;也是要告诉人们,人能够进化为仙,也应当成仙。根据上述精神并结合近代中国的险恶时局,陈撄宁认为一些古仙学说已经陈旧、落伍,仙学需要与时俱进、能破能立,"此古今时势之不同也。明乎此理,则知仙学在今日,实未便墨守成规,而有随时代演进与改进之必要"④。

(三)进化伦理观念的基督教阐释。同佛教界、道教界类似,基督教界对进化伦理在开始时也往往持拒斥态度。马相伯著大量文章,以斥责

---

① 江希张:《道德经白话解说》,《藏外道书》第三册,巴蜀书社 1994 年版,第577—578 页。
② 江希张:《道德经白话解说》,《藏外道书》第三册,巴蜀书社 1994 年版,第583 页。
③ 胡海牙转发陈撄宁:《众妙居问答续八则》,《上海道教》1998 年第 1 期。
④ 陈撄宁:《答江苏如皋知省庐(十七节六目)》,《道教与养生》,华文出版社 2000 年版,第461 页。

达尔文的进化论为无稽之谈，"然则有我之先，已有世界，世界万物，岂能自有？则有世界之先，无始之始，惟有一万有之天主，自有全能，自有全知，自有全善，是即造世界造万物之天主，是即造我之天主"①。虽然斥责自无生物到生物，由植物、动物到人类的进化理论，但他认为包含道德在内的文化是增进的、进化的，因此每个人应当"先修己，再立人，而追求'至善'，'壹是皆以修身为本'，实行不断努力求进步，'苟日新，日日新，又日新'"，这样国民就会成为彬彬有修养的人，然后促进国家日臻文明。如同珊瑚岛由无数珊瑚日积月累形成那样，"文化增进，循此正轨必由之路的发轫点，正是我们青年，承继文化遗业，再往上增进的！"②

随着政治局势的变动和社会的发展，基督教界就进化伦理问题日益表现出积极的姿态。中国传统社会的观念、舆论，多以为黄金时代已经过去，今日的风俗、道德、政治、法律、文明、幸福都不如唐虞三代。谢恩光批评这种"褒古而贬近"的做法，指出"世界者，进化者也。社会由个人而家族，而部落，而国家"。③ 道德同样也是进化的，中国贫弱、沉沦的根本原因在于"道德之腐败"，道德之所以腐败则在于"旧道德不适于新时代"④，此时的人们不应固守于传统道德说教，而应坚持"优胜劣败、适者生存，天演之公理"，秉持道德上的适应主义，可以说适应主义已成为"解决救亡不可不循之主义也"。⑤ 在范丽海眼中，中国伦理的发源很古很远，"唐虞的伦理学说，经过夏商周三代，到东周的孔子，自然更有多少的

---

①　马相伯：《宗教之关系》(1914)，《马相伯集》，复旦大学出版社 1996 年版，第 156 页。

②　马相伯：《宗教与文化》，《马相伯集》，复旦大学出版社 1996 年版，第 567 页。

③　谢恩光：《谢辑华人接受基督教》，《东传福音》第十七册，黄山书社 2005 年版，第 170 页。

④　谢恩光：《谢辑华人接受基督教》，《东传福音》第十七册，黄山书社 2005 年版，第 135 页。

⑤　参见谢恩光：《谢辑华人接受基督教》，《东传福音》第十七册，黄山书社 2005 年版，第 141 页。

演绎和发明了",以此类推,"世界是进化的,学说也是进化的"。① 1925年在回顾基督教十余年来的发展时,谢扶雅认为现今的基督教观受进化论的影响很大,"淑世主义(meliorism 或译改善说)的哲学思想,亦为现代基督教所容纳,故承认现在的世界可以改善进步,而至于更圆满更丰富的境地"②。基督教学者吴雷川则从整个宗教观着眼,认为宗教是人类社会进化的一种动力,倡导一种进化的宗教观。赵紫宸倡导进化伦理观念,认为宗教、伦理的精神是不变的,而宗教、伦理的内容应当与时俱进,"宗教上的名,伦理上的名,常不变;宗教上的事,伦理上的事,常欲变。苟能正其事,道其变,名可存在。名存则事可安然变,名亡则事难扩然兴"③。用历史的眼光考察宗教的起源史、发展史,我们会发现商业式交换式的宗教,可以变为道德的精神的宗教,如果"时变境迁,宗教的保障,变了禁锢思想行为的牢狱——这并不是宗教的寿命告罄了,乃是宗教的改革到期了"④。宗教如此,伦理也是如此。可是此时的很多国人,"旧伦理抛却了,连旧伦理的精神也都抛弃了。忠孝节义等德目,被退化式的天演学打倒了,连忠孝节义背后的毅力决心奋斗眼泪热血都淘汰了"⑤,这并不符合进化论精神,也是错误的。

三、国民道德的宗教阐释

在近代中国伦理发展史上,"公民道德"与"国民道德"时常被交替使

---

① 范丽海:《中国伦理的文化与基督教》,《本色之探——20 世界中国基督教文化学术论集》,中国广播电视出版社 1998 年版,第 431 页。
② 谢扶雅:《基督教新思潮与中国民族根本思想》,《本色之探——20 世纪中国基督教文化学术论集》,中国广播电视出版社 1999 年版,第 40 页。
③ 赵紫宸:《基督教哲学》,《赵紫宸文集》第一卷,商务印书馆 2003 年版,第 69 页。
④ 参见赵紫宸:《基督教哲学》,《赵紫宸文集》第一卷,商务印书馆 2003 年版,第 64 页。
⑤ 赵紫宸:《基督教哲学》,《赵紫宸文集》第一卷,商务印书馆 2003 年版,第 65 页。

用。在梁启超看来,"公德者何? 人群之所以为群,国家之所以为国,赖此德焉以成立者也",与此相对应,"旧伦理所重者,则一私人对于一私人之事","新伦理所重者,则一私人对于一团体之事也"。①蔡元培认为,"何谓公民道德? 曰法兰西之革命也,所标榜者,曰自由、平等、博爱。道德之要旨,尽于是矣"②,这种"公民道德"不仅包含狭义上的"社会公德",还包含诸如积极参与国家政治生活和社会公共生活的权利、自由、责任与个性等德性的伸张。一个人是一个公民,更是一个国民,要拯救处于危亡之中的国家,每个国民义不容辞,于是"公民道德"问题就转换为"国民道德"问题。中华民国成立后,朝野之士主张祛除国民道德中的奴性,树立新的国民道德观念,以新的国民道德塑造国民的独立人格,使人人向善,进而巩固共和成果。

在此种境遇中,宗教界的一些进步人士根据宗教教义对"国民道德"进行阐释。在太虚看来,虽然呼唤、倡导国民道德多年,但事实上国俗、民心变得更加败坏,而国俗、民心败坏的根本原因就是建德无本、人心失其所依靠,"道德之真本,必求之真唯心论,真唯心论必求之佛教"③。在《中华民国国民道德与佛教》一文中,太虚以佛教伦理来融摄、阐释国民道德,主张依照佛法来教化国民,使他们断绝一切染心、恶业与苦事,杀、盗、邪、妄、贪、嗔、痴等念头与行为自然不会发生,国民自能济世救物、益群利众,朝野之士所向往的那种道德秩序也就真正实现了。1930 年 11 月,太虚在重庆大学作演讲时进一步指出,人们所追求的自由、平等仍未实现,原因在于国人缺少公民道德,要建立近代的国家、社会就必须塑造

---

① 梁启超:《新民说》,《国性与民德——梁启超文选》,上海远东出版社 1995 年版,第 47—48 页。

② 《蔡元培全集》第二卷,中华书局 1984 年版,第 131 页。

③ 太虚:《中华民国国民道德与佛教》,《太虚大师全书》第二十四卷,(台湾)善导寺佛经流通处 1980 年刊印,第(一)689—(三)691 页。

国民的公民道德,公民道德也就成为此时中国国民最需要的东西。公民道德的基本要求,"是要各人皆自知为国民一份子,时时要顾及全国人民之利益安乐"①。至于公民道德的具体要求,第一点就是,"须知全国民众是同体平等的,皆视为同胞兄弟一样。有了此心,无论一举一动皆当以国家社会之公众利益为前提;凡起心用事,皆从此心发出,则即成具体而微之菩萨行为,亦即成为公民之道德了"②。除了明白人人之间平等外,国民还需要养成俭朴、勤劳、诚实、为公的美德。他也无奈地承认,中国国民受旧习惯浸染太久、太深,要养成公民道德绝非容易的事情。那怎么办呢?从研究佛法来得到一种菩萨的人生观,再用菩萨的人生观去修养公民道德,国民的道德行为须要建立在"众缘生伴之互成"与"唯识因果之相续"的佛法原理基础上,这是最行之有效的办法。基督徒谢恩光强调了国民道德的极端重要性,认为"国家之存亡,系于国民之道德。国民道德之程度,系于道德履行之能力"③,要救国首先要重塑国民道德。在谈到国民道德时,圆瑛认为"道德二字,为国民根本,所应注重",可是现实的社会道德败坏,世风日衰,"今欲增进国民道德,先宜救正社会心理,欲正社会心理,须假佛教学说"。④通过分析国民道德衰败的根源,圆瑛提出了三条对策:

一、说戒学以持身。诸恶莫作,众善奉行。戒相甚多,略说五戒:(一)不杀生害命,即儒教仁也;(二)不偷盗财物,即义也;

① 太虚:《在家众之学佛方法》,《太虚大师全书》第十八卷,(台湾)善导寺佛经流通处1980年刊印,第(八)224页。
② 太虚:《菩萨的人生观与公民道德》,《太虚大师全书》第二十一卷,(台湾)善导寺佛经流通处1980年刊印,第(四)696页。
③ 谢恩光:《谢辑华人接受基督教》,《东传福音》第十七册,黄山书社2005年版,第186页。
④ 圆瑛:《演说辞》,《圆瑛集》,中国社会科学出版社1995年版,第45页。

（三）不奸淫妇女，即礼也；（四）不妄语欺人，即信也；（五）不饮酒昏迷，即智也……世人能持五戒，堪称人道之因。来世不失人身，现世不起三毒。此以戒法之药，治三毒之病，增进国民道德也。

二、说定学以摄心。收摄其心，不令贪着财、色、名、食、睡五欲之境，亦不贪着色、声、香、味、触五尘之境……此以定学之药，治三毒之病，增进道德也。

三、说慧学以照理。照见五蕴皆空，五尘亦空……此以慧学之药，治三毒之病，增进国民道德也。以佛教有此利益，故社会应当提倡，国民应生信仰。①

基督徒彭彼得认为，基督教的一个重要目的就是培育人的国民道德，"政治家、爱国者并基督徒，同一个目的，就是造成良善国民、良善社会、国富民强"②。对于社会缺乏公德的现象，赵紫宸痛心疾首，"例如大学的学府里，本是纯洁的青年游息之地，而一看其中，竟无一点公德的表示。人们开了电灯，昼夜不闭，耗费电流；放了水龙头，永远淋漓，因为是公家的东西，所以无人爱惜；人的心里，简直没有一个公字……青年如此，其他可知，这一代如此，后一代可知。我们不必详细描写目前中国的道德状况与程度；我们对此深深地感觉到前途的颠危，切切地解悟到中国全部的问题根本是一个道德问题"③。此时，宗教界的有识之士已充分认识到国民道德的重要性，清醒地意识到重塑国民道德的紧迫性。重塑国民道德从何入手？成功塑造国民道德的表现何在？宗教界的许多有识之士给出了同样的答案：独立的道德人格。

与"国民道德"的阐释紧密相连，宗教界的一些进步人士根据宗教教

---

① 圆瑛：《演说辞》，《圆瑛集》，中国社会科学出版社1995年版，第46页。
② 彭彼得：《基督教义诠释》，《东传福音》第十六册，黄山书社2005年版，第651页。
③ 《赵紫宸文集》第二卷，商务印书馆2004年版，第495—496页。

义对"道德人格"进行阐释。儒家认为,道德人格在社会生活与政治生活中有一种无形然而强大的影响力。孔子所提出的"为政以德,譬如北辰,居而众星共之"的命题,正反映了儒家所谓德治即首先在于要求统治者的道德人格的高尚性这一重点上。① 到了近代,启蒙者、救亡者纷纷复活儒家的道德人格论,各宗教也对道德人格进行宗教式的诠释。佛教徒显亮指出,人格在道德修行中的极端重要性,五戒具足、才够人格,十善具足、才够天格,要成菩萨"亦当以人格为起点"。② 陈妄清主张通过践行佛教伦理来塑造人的道德人格,认为心菩萨心、行菩萨行,人一旦具有了这种人格,无论是何种身份、从事何种职业,总是菩萨心,总是菩萨行,进而"自利利他,自度度人……圆满自己的真实人格"③,换句话说,心菩萨心、行菩萨行即是信仰佛教伦理、践行佛教伦理,由此而生成的佛教人格即是一种道德化的人格。在《学佛者应知应行之要事》一文中,太虚认为学佛之道就要完成人格之道,人们要完成人格之道首先要尽职尽业。基督徒彭彼得强调了道德人格对个人、社会乃至国家的重要性,"惟好人格继能做好官,惟好人格继配做领袖"④。谢恩光断言,中国的问题从根本上说就是一个道德人格的问题,中国的困境"莫不因灵魂不养,人格不立"⑤。赵紫宸认为道德人格在基督教伦理中具有特殊地位,在耶稣的伦理原则排序中,"第一,你当尊敬。第二,人的人格"⑥。当时的青年会高度重视道德人格教育,1920 年的青年会第八次全国大会暨二十五周

---

① 陈少峰:《中国伦理学史》上册,北京大学出版社 1996 年版,前言第 11 页。
② 参见显亮:《人格宝鉴自序》,《佛化新青年》1939 年第 1 卷第 5 号,第 10 页。
③ 陈妄清:《佛法的人格》,《佛化新青年》1923 年第 1 卷第 6 号,第 11 页。
④ 彭彼得:《基督教义诠释》,《东传福音》第十六册,黄山书社 2005 年版,第 651 页。
⑤ 谢恩光:《谢辑华人接受基督教》,《东传福音》第十七册,黄山书社 2005 年版,第 137 页。
⑥ 赵紫宸:《基督教哲学》,《赵紫宸文集》第一卷,商务印书馆 2003 年版,第 157 页。

年纪念会最后议决了四项基本任务,其中一项就是公民教育。[1]

第三节 救国救世伦理精神的彰显

为了摆脱自身困境和顺应时代的发展,宗教界对救国救世这一历史任务纷纷作出回应,提出了佛法救国救世论、仙道救国救世论和基督救国救世论等口号与理论,中国宗教的救国救世伦理精神日益得到彰显。

一、佛法救国救世论的倡导

鸦片战争后,救亡救世伦理精神在一些佛教界进步人士那里开始萌生。被称为爱国诗僧的敬安(1851—1912),留下了"我虽学佛未忘世"、"国仇未报老僧羞"等诗句,表达出浓厚的爱国情怀。当然,类似的救亡救世观念大多还是依靠传统纲常伦理,强调忠孝观念,缺乏新的办法和手段。

民国成立后,佛教界一些进步人士逐步提出佛教的救国救世功用,认为佛教徒应当担负起救国救世的历史责任。倡导佛教改革的仁山认为,慈善为合群之要旨,为救亡救世之良方,如果缺乏慈善之心,人们往往只求利己不问利他,或者没有群体的概念,或者"能知一家之群矣,而不能合一乡之群;能知一乡之群矣,而不能合一国之群;至能合一国之群……若语及全球则必色然"[2]。所谓慈善之心,"即佛教所说现前之一念光明磊落,不为欲蔽是也"[3],有了慈善之心,人们无不爱自己的亲人,无不尊敬自己的师长,将慈善之心推广到一个国家乃至全球,国家和全

---

① 参见[美]邢军:《革命之火的洗礼:美国社会福音和中国基督教青年会 1919—1937》,上海古籍出版社 2006 年版,第 122—123 页。

② 仁山:《论慈善为合群之要旨》,《佛教月刊》1913 年第 1 期,第 9 页。

③ 仁山:《论慈善为合群之要旨》,《佛教月刊》1913 年第 1 期,第 10 页。

球就变得和平。佛教徒古华认为,"佛教以转恶浊之世界为清静,则在吾佛子之以弘佛法救世界而已,此真吾佛子之责任也,吾佛之不可不有此责任心"①,佛教徒有了这种救世的责任心,进而身体力行、推而广之,整个世界的面貌、整个人类的境况必然得到根本改观。

到了二十世纪二十年代,救国救世伦理精神得到了进一步彰显。在桂林对滇赣粤军的演讲中,孙中山积极肯定佛教"以牺牲为主义,救济众生"的"救世之仁"精神,指出:"仁之种类,有救世、救人、救国三者,其性质则皆为博爱。何谓救世? 即宗教家之仁,如佛教,如耶稣教,皆以牺牲为主义,救济众生……何谓救人? 即慈善家之仁。此乃以乐善好施为事,如寒者解衣衣之,饥者推食食之,抱定济众宗旨,无所吝惜……何谓救国? 即志士爱国之仁,与宗教家、慈善家同其心术,而异其目的,专为国家出死力,牺牲生命,在所不计。"②上述观点,对此后佛教界产生了较大影响。印智法师在《正觉月刊发刊辞》中指出,佛教要跟上时代步伐,就要遵循"孙总理所言'救世之仁,救人之仁,救国之仁'",佛教徒就应"振励精神,弘扬教义,竭智尽力,以求贡献于社会国家,而推及于世界"。③ 在《佛化新青年》这一报刊上,佛化新青年会突出救亡救世使命,表明了对世界人类所负的八大使命,其中第一件使命为,"铲除旧佛徒的腐污……使悬想中的他方净土,变在在人间可能实现的新新社会";第三件使命为,"使黑暗迷昏的人世界,变为庄严灿烂的佛国";第四件使命为,"要代人类受无量苦,替人类拔除生活上一切罪恶,使一切罪恶根本与人类的生活脱离关系";第五件使命为,"是要用佛化的救世新方法,使人类澈底觉悟";第七件使命为,"要以大智、大慧、大慈、大悲、大勇猛、大无畏的大原力消化一切疆界,破除一切阶级,在十年内使无处不有实行

---

① 古华:《吾佛子之责任心》,《佛教月刊》1913 年第 1 期,第 485 页。

② 《孙中山全集》第六卷,中华书局 1985 年版,第 22—23 页。

③ 参见印智:《正觉月刊发刊辞》,《正觉》1930 年第一期,第 114—115 页。

佛化所刷新出的新村、报社、公园、小中大学、工场、幼稚园、图书馆";第八件使命为,"要发明卫生学、医学,使全球人类的色身生命与法身慧命皆不致夭殇,生、老、病、死诸苦,都能免去"。① 大圆认为,当时国家的混乱和衰微是因为道德不倡、以利交征,"无论为国为家、为己为人,总宜先持五戒、皈依三宝,庶几有挽回狂澜之望","三皈五戒者,不独佛徒当学,实一切为人根本",②这也是救国的根本方法。1926 年,何勇仁在《楞严特刊》中撰文指出,佛教所说的"勇猛精进、大雄无畏"体现了一种积极的奋斗精神,"佛家之教人奋斗者,即教人舍弃私念而出以救世也",并进而指出,"革命是'和平、奋斗、救世界',佛也是'和平、奋斗、救世界',而且其中还有许多重要的主张是彼此相同的"。③ 张宗载则认为,真正的佛法是勇猛无畏、慈悲救苦的,"佛法救世其宗旨无他,中心学理,慈悲二字"④,佛教徒应当按照佛法要求开展救世事业。太虚在《什么是佛学》一文中,赞同孙中山所说的佛教救世精神,"首创国民党的孙中山先生,昔在广西军中讲演智仁勇三德时,尝言'佛教是救世之仁'","即是佛所说的大慈大悲,亦即是佛学上的道德"⑤,并作进一步发挥,认为"成佛救世,与革命救国的意义,是很相符合的"。⑥

　　三十年代后,佛教界纷纷提出各种救国救世理论。1931 年,大圆在《东方文化》上宣扬德化救国论,认为"中山先生三民主义民族第六讲,提

---

① 参见《佛化新青年会对于世界人类所负的八大使命》,《佛化新青年》1923 年创刊号,第 7—8 页。

② 大圆:《救国的根本解决谈》,《佛化新青年》1923 年第 1 卷第 3 号,第 7—8 页。

③ 参见何勇仁:《佛的革命》(续),《楞严特刊》1926 年第 4 期,第 43—44 页。

④ 张宗载:《今后真佛教之改进》,《楞严特刊》1926 年第 7 期,第 84 页。

⑤ 太虚:《什么是佛学》,《太虚大师全书》第一卷,(台湾)善导寺佛经流通处 1980 年刊印,第(二)258 页。

⑥ 太虚:《成佛救世与革命救国》,《太虚大师全书》第二十一卷,(台湾)善导寺佛经流通处 1980 年刊印,第(三)190 页。

出忠孝、仁爱、信义、和平之四德,略名中国固有道德",指出"余以为今日言根本救国,宜实行所谓德化主义"。① 一·二八事变后,面对日本帝国主义的入侵,智光认为救济国家是每位中国人的责任和天职,出家僧伽也是中华民族的一分子,"当然与国民休戚相关,也应当和国民站在同一的最前项上","以出家的职责而论,可谓是'佛法救国'"。② 那如何进行佛法救国呢? 根本上说,就要断除贪嗔痴,勤修戒定慧。1932 年,谛闲在《佛光社社刊》上宣扬佛化救世论,认为救世必先救心,"而欲求救心之法,则佛化尚矣",即"持戒而已矣,习定而已矣,修德而已矣!"通过环顾世界和探究历史,他发现"倡救世之说者,不胜枚举。举其最著者言之,老子、孔子、杨子、墨子以及耶回诸祖,皆以救世为宗旨。故其学说主义,无非令人止恶修善"③,在各种救世学说中"尤以弘扬佛化为适",通过修习三学就会灭除三毒,三毒灭除了人心自然得安定,人心即定,世界也就太平了。

在宣传、论证佛法救国救世论的佛教信徒中,太虚树立了典范。为使大众信服佛法救国救世说和鼓动大家投身救国救世运动中,太虚对佛法救国救世的紧迫性、必要性、可行性和方法策略都作了详细论证。

第一,太虚论证了佛法救国救世的紧迫性和必要性。在国难极其严重时,他认为无论研究什么学问、从事什么事业,都要问是否与救国有关。爱国之道、救国的方法很多,个人在不同社会岗位上都能从事救国的事业,都能趋于救国这一目标。佛教徒也不例外,"依佛法而出家的教徒,亦可从佛法凡有利于社会人群、国民公义的义理,把他挖掘出来,宣扬民间,使救国行为依佛法而得到扶助,就是有利于社会、国家;同时出

---

① 大圆:《德化主义实施论略》,《东方文化》1931 年第 2 卷第 2 期,12—13 页。

② 智光:《佛法救国论》,《佛化随刊》1931 年第 19 期,第 8 页。

③ 释谛闲:《佛化救世论》,《佛光社社刊》1932 年第 4 期,第 11—12 页。

家教徒对于社会人民,亦可尽了一小部份的责任"①。近代世人多视佛教为迷信鬼神,是厌世的、空想的、非伦理的,太虚则指出佛教并不是教人隐逸清闲,而是鼓励人报恩于亲人、社会、国家乃至整个人类,"佛教偏为一切众生而施设,使其为最高之向上发达,自非平等之伦理所可范围。然佛教主义仍以人类伦理为修行之起点:如言忠、言孝、言友、言信,皆人类道德出发之基础,佛教亦谆谆言之。可知佛教并不背于人类伦理,亦非厌世与空想也"②。佛教徒参与救国救世,也正好回应了世人对佛教的指责。显然,这种理论上的革新既回应了世人指责,也为信佛者积极投身救国救世事业开辟了新的空间。

第二,太虚论证了佛法救国救世的可行性。从佛教教义看,"佛与众生中间最相关涉者,即为修十波罗密行之菩萨",菩萨即人学佛的道德楷模,如果"众生一能信解修习于佛法,则众生无非菩萨;造诣至极,又无非佛陀",③众生获得解救,灾难沉重的社会与国家也实现了解救。从伦理的层面讲,佛教化度众生,能使人明晰自身的社会责任。在太虚看来,佛教伦理是教人做人的道德,《大乘本生心地观经》上说的四重报恩伦理对于当时社会救亡尤为重要。四重报恩伦理中有一重为报社会恩,由于人类的衣食住行不仅需要现代的社会人群,还需要前人遗留下来的业绩、成果、资源,"我们一日的生存,皆赖上至千古,下至全球的力量供给,故须知报社会恩,即众生恩"④。由报社会恩,才有所谓的仁爱之德,才能

① 太虚:《佛法与救国》,《太虚大师全书》第二十四卷,(台湾)善导寺佛经流通处1980年刊印,第(二)61页。
② 太虚:《佛教与护国》,《太虚大师全书》第二十四卷,(台湾)善导寺佛经流通处1980年刊印,第(一)67页。
③ 参见太虚:《佛法救世主义》,《太虚大师全书》第二十三卷,(台湾)善导寺佛经流通处1980年刊印,第(九)115页。
④ 太虚:《怎样来建设人间佛教》,《太虚大师全书》第二十四卷,(台湾)善导寺佛经流通处刊印,第(四)434页。

使人的社会性得到充分展现。从现实的经验教训来看，佛教是人类解放、人类道德进步的良方。在太虚看来，无道德信仰的世界各帝国主义、资本主义与反帝国主义、反资本主义竞相发展军备，相互残杀，结果却是世界人民受苦受难，人类道德濒临沦亡，"真能合于人类生存的道德原理，在佛教具体上发现有两条原理，可以合于现代人类道德的原理：一、众缘主伴之互成；二、唯识因果之相续"①。作为一种新伦理、新道德，佛教伦理的传播能挽救人类道德沦亡，使世界各国走出相互残杀的死胡同。发起世界佛教大会，将佛教伦理传播于全球，"在于建设世界人类的新道德"②，能使全人类走上和平、光明的大道。

第三，太虚论证了佛法救国救世的具体路径。依靠佛法救国救世，需要有个落脚点。在太虚看来，这个落脚点就是人，"救国之道，虽重在国民生产力和社会经济力的培养，尚较这两种尤为基本的是：国民的道德"③。国家救亡如此，社会救亡乃至人类救亡也是如此。在谈论怎样建设人间佛教时，太虚认为凡是国民都应该秉持佛教报恩伦理中的报国家恩，共同尽一份责任，一起想办法救济个人所托命的国家。首先，要省过修德。在因果业报理论看来，天灾人祸不是外来的，而是人自己造成的，要从根本上消除灾难，每个人必须反省过错，勇于进修业德，"能知而改悔，此即消极的不作恶；而在积极为善，则个人若要无灾难，安乐康宁，就要个人去作各种善良的行为，在中国称善积德。由修德行善之结果，

① 太虚：《新青年救国之新道德》，《太虚大师全书》第二十一卷，（台湾）善导寺佛经流通处 1980 年刊印，第（八）710 页。
② 太虚：《怎样来建设人间佛教》，《太虚大师全书》第二十四卷，（台湾）善导寺佛经流通处 1980 年刊印，第（二四）454 页。
③ 太虚：《新青年救国之新道德》，《太虚大师全书》第二十一卷，（台湾）善导寺佛经流通处 1980 年刊印，第（五）707 页。

社会自然安宁,所谓'自求多福',便造成自己和国家之幸福了"①。其次,要安分尽职。灾难因内患而起,消除灾难首先要内部安定,"全国的农、工、商、学、政、法等各尽其职,各安其分,然后国家的组织方能坚固,社会的秩序方能安定;必如此乃可有进行各种救国事业的基础,而尽国民应尽之职"②。再次,要俭朴勤劳。中国几千年都以农业立国,救济农村是救国的重要要务,救济农村的人要是没有俭朴、勤劳的美德,"不但不能复兴农村;且把农村最后的基础也摧毁了",因此"复兴农村须政府的不扰民,而负其保安的责任,更要有能俭朴勤劳的人去领导"。③ 最后,要立诚为公。在太虚看来,立诚在施政中占有非常重要的地位:为政诚信,百姓才会纷纷效仿;为政无信,政治信用就遭受破坏,百姓也就不再相信政府。政事是众人公共的事业,"从政的第一要义,必须要有公共的心,为国家或社会公共的利害是非而去做事","要救国自强,须从施政为公起"。④ 在论述佛法救国救世的具体策略时,太虚特别强调了慈善家的重要性。善堂是中国各地从事慈善事业的机构,善堂的慈善家有的为了来生进入天国而信仰神,有的为了长生成仙而进行修炼,都有一颗慈悲恻隐的心。如果不信佛、不信奉佛教伦理,这些世间善事只能是有限的功德,"或转世来做一个好人而生富贵家中,或也能成仙升天。若由佛法看来,都是有限量而不究竟的"。如果因信奉佛法而去做善事,"即

---

① 太虚:《怎样来建设人间佛教》,《太虚大师全书》第二十四卷,(台湾)善导寺佛经流通处1980年刊印,第(一二)442页。

② 太虚:《怎样来建设人间佛教》,《太虚大师全书》第二十四卷,(台湾)善导寺佛经流通处1980年刊印,第(一三)443页。

③ 太虚:《怎样来建设人间佛教》,《太虚大师全书》第二十四卷,(台湾)善导寺佛经流通处1980年刊印,第(一七)447页。

④ 参见太虚:《怎样来建设人间佛教》,《太虚大师全书》第二十四卷,(台湾)善导寺佛经流通处1980年刊印,第(一七)447—(一八)448页。

将有限的福德成为无量的功德了"①,因此慈善家最好能信佛。佛教徒救国救世并不妨碍他们在世俗间尽职尽业,这颇似新教伦理所倡导的"天职"观念。当然,救国救世的落脚点除了个人外,还有个人组成的集团,"非个人恶止善行能达成救世拯民之目的,必集团之恶止善行乃能达成之也"②。

二、仙道救国救世论的提出

在清末,道教界进步人士有意识地复活道教救世资源。道教学说常被视为"君人南面之术"和救世良方,魏源甚至断言《道德经》为救世之书。在光绪五年(1879)重刊的《〈阴骘文制艺试帖合璧〉二卷》一书中,程鹤樵、顾南琴认为,"民为邦本,当以慈祥救之焉,夫慈祥,民所赖也"③,主张以慈善来救国救民。面对"风俗日靡、人心愈坏、邪说潮涌"的境况,太玄道父充分肯定道教徒的救国救世作为,"幸有少数行善乐道、崇信正法、敬奉仙佛之士……或劝修道登仙,或刊善书劝化,纵然为力有限,然而造福无穷。此等善事善人,正是末劫之救星,劝挽人心之柱石也"。④ 道教学者郑观应重视救世伦理的践行,坚持将道教的行善积德、度世救人理念落实到具体实践,并认为行善行为要以道教信仰为基础,而不能以利害来计量,"或因求道而受骗,或因行善而被欺,或欠我款项者推故而不还,或图我席位者恃强而被夺。我之于人怨以德报,人之于

---

① 参见太虚:《怎样来建设人间佛教》,《太虚大师全书》第二十四卷,(台湾)善导寺佛经流通处1980年刊印,第(六)436页。

② 太虚:《集团的恶止善行》,《太虚大师全书》第二十一卷,(台湾)善导寺佛经流通处1980年刊印,第(五)721页。

③ 程鹤樵、顾南琴:《〈阴骘文制艺试帖合璧〉二卷》,《三洞拾遗》第五册,黄山书社2005年版,第610页。

④ 华山宗云水洞天辑:《道经秘集七卷》,《三洞拾遗》第一册,黄山书社2005年版,第205页。

我恩将仇报。凡此种种均付诸因果,不与较量,逆来顺受而已"①。

民国成立后,救国救世伦理精神倡导者渐多。1912 年,北京白云观陈明霦等十八位道教界代表发起成立道教会,并拟定《道教会宣言书》、《道教会大纲》与《道教会要求民国政府承认条件》等,宣称"盖宗教为立国之要素,与道德、政治、法律相辅相行"②。在共和取代帝制的变革时代,道教会突出"道"的治世功用,有"昌明道德,促进共和之义务"③,"力挽颓风,表彰道脉,出世入世,化为而一,务求国利民福,以铸造优美高尚完全无缺之共和","务使五族混化,万善同归"④。在道教徒江希张看来,"现今全球战杀,糜烂不堪,争权夺利,惨无人道"惨状的根源,并不是器学的兴盛和武器的发达,而在于道德的败坏与迷障。江希张主张依靠道教伦理来挽救国人乃至人类的道德,国人乃至人类的道德挽救了,救国救世的目标也就达到了。在为《合宗明道集》作序时,刘明通盛赞修仙救世之功用,表明道教界在祖国遭受日本帝国主义侵略之际,要立志以道纲维持秩序、拯救人类。1946 年刊印的《金元全真教的民族思想与救世思想》一书,是一部借宣扬全真教历史、为抗日现实服务的著作。该书在日寇占领我半壁江山、全国掀起大规模抗日救亡活动时酝酿成书,充分展现了道教界爱我中华、维护祖国独立的爱国主义情操。

道教学者陈撄宁提出了仙道救国、神通救世的口号。首先,强调了救国救世道教徒的使命感。在中华民族生死存亡的关头,每个国人、团体、政党的首要任务是救国救世,可是国民党当局却坚守不抵抗政策,汪伪政权则美其名曰中日友好提携,这种不抵抗主义、卖国投降主义,还不

① 《郑观应集》下册,上海人民出版社 1988 年版,第 104 页。
② 《道教会布告》,《藏外道书》第二十四册,巴蜀书社 1994 年版,第 472 页。
③ 《道教会要求民国政府承认条件》,《藏外道书》第二十四册,巴蜀书社 1994 年版,第 477 页。
④ 《道教会大纲》,《藏外道书》第二十四册,巴蜀书社 1994 年版,第 474 页。

如印度甘地的不抵抗主义。那如何才能完成救国救世任务呢？唯有弘扬能使民族精神团结一致的中国精神。儒家伦理道德未尝不好，可惜仅能安内，而不能攘外；佛教学说对救国有害无益，"譬如凉泻之剂，根本不适宜于衰弱之中国"①。道教是中华文化的源流与动脉，具有"应天"救世和以达乎时变为用的精神，救国救世任务"舍吾道教，其谁堪负此使命哉?"②在他看来，武力侵略不过裂人土地、毁人肉体，其害浅；文化宗教侵略则夺人思想、劫人灵魂，其害深，必须积极弘扬道教，以本国固有之文化宗教相抵抗。其次，指出了道教救国救世的理论资源。中国之所以出现被动挨打的局面，并非一朝一夕形成的，此次浩劫从根源上说是人心好斗所造成，要挽救浩劫必须先挽救人心，要挽救人心则须依靠"致中和"的工夫。在他看来，儒家典籍中有"致中和"的名称，却没有给出入门之法，道教则有这一法门，也正好有用武之地。再次，提出了救国救世的具体方法和要求。他认为，现在是动真刀真枪的时代，不是弄笔杆子的时代，必须要有一点实在工夫。道教徒只有脚踏实地修炼而致中和，才能实现救国救世的目标，"你若要救国，请你先研究仙学，等到门径了然之后，再去实行修炼。等到修炼成功后，再出来做救国的工作"③。

三、基督救国救世论的萌生

对于救国救世，如果说佛教、道教所遭遇的问题是如何凸显救国救世精神的话，那么基督教所遭遇的问题就是要不要救国救世。

早期传教士往往突出救世救人，而缺乏救国的论述。传教士花之安指出，基督教具有强烈的救亡、救人精神，"耶稣之仁慈虽普，以救人为

① 陈撄宁：《中华仙学》，《藏外道书》第二十六册，巴蜀书社1994年版，第281页。
② 陈撄宁等：《前中华全国道教会缘起》，《道教与养生》，华文出版社2000年版，第3页。
③ 陈撄宁：《答上海钱心君七问》，《道教与养生》，华文出版社2000年版，第405页。

心"，对于不信之人、恶人、好利之人则给予惩罚。"上帝救世之方殊多，悉必以耶稣藉人之形、以人之身而生乎"①，基督徒应效法基督，以自己的身体力行实现救世。同一时期的李提摩太宣扬基督教救世论，认为一个彻底的中国维新运动只能在一个新的道德和新的宗教基础上进行，否则任何维新运动都不能牢靠和持久，而基督教伦理则能为中国维新运动提供道德基础和道德动力。表面上看，李提摩太提出了诸如修铁路、办学校、设报馆、开矿藏、革新政治、扩充贸易等改良主张，与维新派提的主张相似。本质上考察，他宣扬基督教教义、基督教伦理的目标却是将中国变为英国的殖民地，这与维新派的目标泾渭分明。

清末基督徒的救国意识非常薄弱，但在社会关怀方面有一些积极作为。基于"灵魂拯救"与"社会改造"的救世精神，以挽救世道人心为目的，基督教在社会关怀方面积极作为，主要表现在四个方面：对鸦片、赌博、卖淫、缠足等社会丑陋现象进行批评，对戒烟、戒赌、戒淫、放足积极倡导；重视社会救济，进行赈济活动；兴办新式医院，开展医疗救助；兴办教会学校，创办报刊、译介图书。

第一，对戒烟、戒赌、戒淫、放足的倡导。在近代社会，很多人认为传教士与鸦片贩子沆瀣一气，与鸦片贸易难以划清界限。当清末民初的禁烟政策摇摆于"弛禁"与"严禁"之间时，一些传教士在行动上表明态度，站在"严禁派"一边，这与当时爱国官员的意见保持一致。在1868年至1874年的《教会新报》上，德贞（J. Dudeon）、林乐知等传教士指出，吸食鸦片不仅耗费钱财，还毁坏人的身体、精神，甚至影响国家的长治久安，主张严禁种植鸦片和吸食鸦片。赌博有害身心，还有潜在的社会危害。面对赌博现象泛滥的情况，一些传教士撰文分析赌博的危害性，1870年的《教会新报》连载《戒赌十则》，指出赌博会"坏心术"、"耗货财"、"误正

---

① 花之安：《马可讲义》，《东传福音》第十三册，黄山书社2005年版，第293页。

务"、"伤天伦"、"致疾病"、"结怨毒"、"生事变"、"损品望"、"招侮辱"以及"失家教"。在有的传教士看来,卖淫现象反映了人的堕落,败坏了世俗人心,主张加大对淫书、淫画、淫戏的查禁力度。在《教会新报》上,一些基督信徒指出淫书大多为小说或唱词,"自一传十,自十传百,悖性情之正,干天地之和,始则害及一方,终则毒流四海";淫画即春宫图,"青年佳质见此而魄动心惊,绣阁贞操阅斯而神摇意荡";淫戏主要指花鼓戏,"以妇人说土话当场演出淫词秽语,此活淫画也,其害甚于淫画淫书。盖淫书,识字者看,不识字者不看,花鼓戏则不识字亦看,亦皆被诱被害。淫画观者一二人,花鼓戏观看千百人,一日数处,诱害千百人,岁计益多矣。且花鼓戏害更甚于他淫戏,论他淫戏则不知曲文者不懂,花鼓戏则句句土话,妇孺无不皆懂也。演者律津,观者跃跃矣",其危害尤其大。[1]

第二,开展多种形式的救济活动。战争不断、灾难频发,特别在1876年至1879年期间,山东、直隶、山西、陕西、河南五省发生了特大旱灾,百姓流离失所,民不聊生。或基于基督教伦理精神,或出于传教的需要,或兼而有之,有些传教士乘此时机进入灾区,开展有组织有计划的救济活动。1878年1月26日,由西方来华的传教士、外交官和外国商人联合组成"中国赈灾基金委员会",总部设在上海。这是西方国家在华组织的第一个救济机构,以传教士为体从事募集捐款,发放赈款及食品和搜集灾区情报等活动。[2] 一些本土基督徒也著文立说、身体力行,以唤起人们的同情心。黄筠孙在《教会新报》上作《劝上海中国外国官绅士商捐银复设恤贫局启》一文,呼吁各国乡绅,慈悲广布,中外推仁,扶危济困,救灾恤邻,可谓情真意切。在多灾多难的清末期,父子、母女失散,父母死亡等现象时常出现,加上男尊女卑落后观念的影响,大量女婴被抛弃,

---

① 参见姚兴富:《耶儒对话与融合——〈教会新报〉(1868—1874)》,宗教文化出版社2005年版,第157—158页。

② 顾长声:《传教士与近代中国》,上海人民出版社1991年版,第289页。

此时清王朝对百姓疾苦、婴儿救助无暇顾及。耶稣会传教士于 1855 年在上海设立土山湾孤儿院,随后育婴堂和孤儿院得到了迅速发展。西方传教士之所以积极从事这项事业,一个重要原因就是想博取中国人的好感,以发展教会势力。美国基督教差会重要负责人司弼尔曾明确表达了传教士举办慈善事业的目的,"我们的慈善事业应该以直接达到传播基督福音和开设教堂为目的……因此,作为一种传教手段,慈善事业应以能被利用引人入教的影响和可能为前提。要举办些小型的慈善事业以获得较大的传教效果,这要远比举办许多的慈善事业而只能收获微小的传教效果为佳"①。从根本上看,举办育婴堂和孤儿院等行为具有明显的政治目的,也部分发挥了救济、救世的社会作用,具有一定的积极意义。

第三,大力开展医疗救助事业。清代中后期的禁教、限教政策,让基督教在中国的传教举步维艰。在近代中国,医疗卫生相对落后,巫医盛行,社会卫生状况较差,而城市化进程在不断提速,这迫切需要较高水平的卫生医疗。为冲破限制并适应中国社会,基督教差会将医疗事业作为"福音的婢女",利用医疗救助扩大教会影响。1835 年美国第一个传教医生伯驾到达中国,拉开了基督教在华开展医疗救助的序幕。1842 至 1844 年,高明、玛高温、麦嘉缔、地凡、哈巴安德等医学传教士来华。十九世纪六七十年代,教会医疗事业在沿海、沿江地区得到拓展,并向内地渗透。1887 年至 1890 年,来华医学传教士达 46 人,而此前的 53 年总共只有 150 人。1901 年至 1911 年,教会医院以强大的势头向内地以及偏远的地区拓展,教会医院的覆盖范围超过了以前的任何时期。可以说,

---

① 《美国与加拿大基督教差全会议记录,1899 年》,第 47 页。转引自顾长声:《传教士与近代中国》,上海人民出版社 1991 年版,第 275 页。

清末民初时期,教会医疗事业在中国医疗事业中可谓一枝独秀。①

第四,兴办学校、创办报刊、译介图书。清代中后期,私塾是青少年接受教育的主要场所,在这里主要学习《三字经》、《千字文》和《四书》等课程,事实上不少劳苦阶层子弟没机会进入私塾,整个社会有大量文盲。为了更好地传教,基督教教会纷纷兴办学校,对贫困孩子免收学费,甚至提供路费等,从而"为传播福音开辟门路"。到1875年,教会学校总数大约有800所,学生约有两万人。至1899年,教会学校总数大约已上升到两千所左右,学生达四万人之多。出于同样的目的,西方传教士还大力创办报刊和书局。鸦片战争之前,西方传教士创办的报刊至少有六份。鸦片战争之后,"西方传教士取得了在华传教和办报的特权和立足点,教会报刊以前所未有的规模和速度迅速发展起来,其数量较前大为增加"②。至1890年,外国教会传教士在中国出版的报刊已达76种,比1860年又增加了一倍。③ 以近代基督教图书出版较为发达的福建为例,传教士已译介、出版和派发宣教读物,扩大教会影响。十九世纪六十年代初,美以美会在福州创办了美华书局,出版物从以宣教读物为主拓展到地理、医学、历史等书籍,出版物的类型从小册子、《圣经》单行本发展到中英文报刊、大部头工具书、《圣经》译本以及各类单行本图书。随着规模的逐步扩大,这些报刊、图书已突破单纯的神学传播,逐步加大对西方历史、地理、政治、医学、天文等的宣传,这些报刊、图书甚至成为近代启蒙思想家的部分理论来源。

民国成立后,随着民族意识觉醒和救国救世运动高涨,一些基督徒

---

① 李传斌:《基督教在华医疗事业与近代中国社会(1835—1937)》,苏州大学 2001 年博士学位论文,第 11 页。

② 刘晓多:《近代来华传教士创办报刊的活动及其影响》,《山东大学学报(哲社版)》1999 年第 2 期。

③ 参见方汉奇:《中国近代报刊史》上册,山西人民出版社 1981 年版,第 19 页。

逐步意识到突出救国救世的重要性与紧迫性。基督徒谢恩光指出,救国救世事业已成为"中国今日独一无二之问题",但又认为国人灵魂拯救是救国的前提,"吾国横于目前者,有救灵救国两大问题,而救灵又为救国之基础"①。那救灵的方法是怎样的呢?在谢恩光眼中,"然则救灵之道,亦惟获得赦罪之方,不再犯罪之力而已。易言之,获得划除不道德与履行道德之能力而已"②,中国救亡图存的根本在于提高国民的道德履行能力。南京第一任中国籍主教于斌认为,天主教无种族、无国界之分,要求人们热爱祖国、繁荣祖国,而复兴民族和国家尤其应注意道德、心理的建设。在他看来,加强国民的道德修养是实现救亡救世历史使命的关键和良方,"不过谈到道德心理建设,必须注重良心的制裁,而制裁效力之发挥,尤须基于一种信仰,以神为本位的信仰"③。彭彼得认为,"根据基督的精神来判断,基督徒都当爱国,惟基督徒爱国更切",这是因为:

(1) 政治家、爱国者并基督徒,同一个目的,就是造成良善国民、良善社会、国富民强……(2) 教会本来是尊重政府命令、法律的……(3) 政教二者虽然分离,那不过是组织和权限的分别,其实宗教精神当贯彻于各种阶级之内,宗教要协同国民造就良善政府……我国政府之腐败,根本原因是缺少宗教道德的精神,何必言他?(4) ……这二者(信仰基督与国家主义)岂非风马牛不相及呢?回答说,这是"一"与"多"之关系……(5) 令人难解的是"自卫"的问

---

① 谢恩光:《谢辑华人接受基督教》,《东传福音》第十七册,黄山书社 2005 年版,第 140 页。

② 谢恩光:《谢辑华人接受基督教》,《东传福音》第十七册,黄山书社 2005 年版,第 141 页。

③ 于斌:《天主教与中国》,《本色之探——20 世纪中国基督教文化学术论集》,中国广播电视出版社 1999 年版,第 211 页。

题……故基督徒自卫之法在先自强，世界和平之最后方法是道德化……(6)所以国家主义和世界主义并行不悖，而且后者高过先者。狭隘独立的国家主义、害人利己的国家主义，终必失败，惟基督之博爱精神、爱仇敌理想，能造成世界永久的和平。①

在此基础上，一些基督教神学家提出了多种救国救世理论，并对救国救世理论进行了论证。

马相伯倡导良心救国救世论。马相伯指出，"救济国难，必先救正人心，人心必从十诫始"。用十诫塑造人的良心，"本良心救国者，人手一编"。②随后，他对良心救国的必要性进行论证，认为"人无良心，则不成其为人！人有良心，知合群；能自卫，能卫国。良心与国家，关系略如此"③。实行良心救国，十诫是自救最好的信条，"如果能守人人良心中应守的天主十诫，决不会乱到这种地步了"。从当时的境况看，热河被攻占，很多人仍醉生梦死，没有同情心自然不能共赴国难，丢掉良心只能使中国境况越来越坏，"吾一般国民，还不觉悟，快快奋起救国，怕将来懊悔不及。国民人人秉着良心从事救国，国家方有希望"④。

罗运炎提出圣经救国论。数十年来，中国一直处在救亡救国的紧张环境中，但时至今日，国家不但没有得救，反倒陷于更衰弱更难救的困境。在他看来，出现这种困境是因为人们没有找到正确的救国方法与道路，"中国大半的外患，是造因于内乱。内乱之所以起，是由于政治不清明。政治不清明，是由于风气不纯良……当今之计，不在改革制度，而在

① 彭彼得：《基督教义诠释》，《东传福音》第十六册，黄山书社2005年版，第651页。
② 马相伯：《十诫序论》，《马相伯集》，复旦大学出版社1996年版，第561页。
③ 马相伯：《良心救国之大义》，《马相伯集》，复旦大学出版社1996年版，第940页。
④ 马相伯：《十诫是自救最好的信条》，《马相伯集》，复旦大学出版社1996年版，第910页。

转移风气。惟转移风气,不在革政,而在革心"①。特别是,"圣经一书,包罗万有,功参造化,道贯天人,是人足前的明灯,生活的指南"②,不但能使百姓觉悟,移风易俗,还能使人自强不息,得到无限量的安慰,因此人们只有信仰上帝,依靠圣经上所指引的道路才能达到救亡救国的目标。

王治心主张耶稣救国救世论。王治心认为,孙文主义的救国救世论要建立自由、平等、博爱的国家与社会,耶稣主义主张的救国救世论同样以自由、平等、博爱为目的,在这一点上二者异曲同工。其中,要实现自由的手段不外乎自决与奋斗,"知道自己地位的危险,才能自己想法子救自己,才能又自救的决心,才能努力打开血路,来脱离压迫寻找自由",而这种主张在耶稣对犹太人的讲话中显露无遗;达到平等的手段不外乎互助与改造,这种方法和手段不过是"耶稣弟兄主义施于政治罢了";达到博爱的手段就是无畏与牺牲,耶稣是无畏与牺牲的道德楷模,因此可以说,"孙文主义就是耶稣主义,同用这种精神达到救国救世的目的"。③

赵紫宸、吴雷川等倡导人格救国救世论。面对国人在救亡图存上的困惑和努力,赵紫宸认为中国全部的问题是一个道德问题,中国人道德问题的根本是缺乏一种道德人格。他特别推崇耶稣道德人格的现实意义,认为耶稣的道德律令就是爱,爱是牺牲精神的体现,这种牺牲精神既能成全个人的道德,还能建立社会的道德秩序。当然,要推行这种精神和完成上述使命,教会必须回到道德建设的任务上来,人们也必须依赖超越的上帝。同时,人们还需要读《圣经》,"《圣经》是生命书,我读《圣

---

① 《罗运炎演讲拾零》,《东传福音》第十八册,黄山书社 2005 年版,第 498 页。
② 《罗运炎演讲拾零》,《东传福音》第十八册,黄山书社 2005 年版,第 498 页。
③ 参见王治心:《孙文主义与耶稣主义》,《东传福音》第十七册,黄山书社 2005 年版,第 242—244 页。

经》，为是要得生命，要从这生命利己利人，救国济世"①。在接触基督教之前，吴雷川是一位十足的儒家学者；信仰耶稣基督之后，他的人生观仍内蕴着儒家伦理的印记，认为人生的唯一原则是个人将所有的良知、良能尽力发挥，在言论、品德、行为诸方面影响他人。事实上，在信仰基督教的近三十年时间里，他将学术研究的重心放在宗教如何救人救世、救国救难上。在论述基督教对于中华民族复兴能有什么贡献时，他将注意力集中到领袖人才的人格上，"原来基督教建立的根基，就是耶稣的人格，而中华民族复兴唯一的需要，乃是造成领导民众的人才。普通所谓领袖人才，必要具备两个条件：一是积极的有为，就是要有宏大的志愿，坚强的节操，勇敢奋斗以至于牺牲的决心。一是消极的有不为，就是要严格的律身，所有种种内蕴的私欲和外来的引诱，凡是足以妨碍自己伟大事业的，必要抑制与拒绝"②。有了这种领袖人才，无论他在哪方面做事，自然都会以耶稣的道德人格影响社会，使全社会有了振兴的景象，因此基督教对于中华民族复兴的最大贡献，"最简明的答复，就是它能造成现今所需要的领袖人才。换句话说：它所贡献的就是基督徒"③。虽然两人都主张人格救国救世，但在具体的实现路径上，赵紫宸侧重个人的得救与灵性的更新，吴雷川则偏重信仰的实践与社会的功用。

　　除此之外，一些基督徒还提出了其他基督救国救世理论。林荣洪通过研究五十年来的中国神学，认为西方神学重逻辑推理与抽象思维，中国神学却很少讨论三位一体、位格本质等抽象问题，而是重视耶稣基督

---

① 赵紫宸等：《我为什么要读〈圣经〉？用什么方法读〈圣经〉？》，《生命》1921 年第 1 卷第 6 册，第 1 页。

② 吴雷川：《基督教与中国文化》，《东传福音》第十七册，黄山书社 2005 年版，第 770 页。

③ 吴雷川：《基督教与中国文化》，《东传福音》第十七册，黄山书社 2005 年版，第 771 页。

的工作,标榜耶稣基督道成肉身的牺牲精神,并认为中国神学是针对现实而起,"救国重建本身就是一项具体而实际的神学课题,这种神学特色不但与中国人重伦理、讲实践的传统一脉相承,更直接与中国教会面对时代问题的冲击时必须作出的回应有关"①。

第四节 基督教伦理本土化道路的渐进

自近代再次输入中国以来,基督教伦理不断遭遇中国本土伦理的抵制,一直以"洋教"伦理的面貌出现。为了在中华大地发展,基督教伦理逐步调适普世性与民族性的关系,在一定程度上承认中国本土伦理的价值,并积极融摄中国本土伦理资源,以化解与中国本土伦理学说特别是性善说、伦常说的直接冲突。

一、普世性与民族性的调适

基督教伦理有普世性的一面。作为基督教的前身,犹太教确信存在一个决定历史事件发展始终、以盟约的方式选定以色列人或犹太人为自己子民的唯一上帝,这种信仰贯穿《旧约圣经》始终。以《旧约圣经》伦理为基础的犹太教伦理是基督教伦理的一大源流,不过《旧约》强调的规范往往局限于犹太民族,旧约伦理的博爱观念与狭隘的集体意识还未能超越血亲伦理。为了摆脱上述局限性,耶稣对犹太教进行了大力改革,并经过信徒们三个半世纪的努力,基督教拥有了新的经典《新约》。《新约》被认为是"新的盟约",是基督教伦理新的源泉。《新约》一方面继续瓦解以血亲家庭—家族为中心的一元自足的俗世人生—宇宙观,另一方面更加清晰确定地揭示着一个以耶和华天父为家主、耶稣圣子为中保、从以

---

① 林荣洪:《中华神学五十年:1900—1949》,香港宣道出版社1998年版,第471页。

色列扩大到全人类为子民的超血亲新家庭。① 在后来的发展过程中,特别是经过中世纪,基督教伦理的普世性得到进一步的强化。

在近代中国,基督教伦理通过凸显普世性以祛除殖民主义色彩。招观海称赞基督教教义在世界各国都具有普世性,"诚以基督的大道,放之于犹太而准;放之于希腊而准;放之于罗马而准。放之于英,美,德,法,俄,意,日,而准,放之于日本,高丽,印度,中国,而准;正应了《中庸》下文谓'是以声名洋溢乎中国,施及蛮貊,舟车所至,人力所通,天之所覆,地之所载,日月所照,霜露所坠,凡有血气者,莫不尊亲,故曰配天'那几句话"②。周风认为,基督的道不是国家主义的,教会的组织并不受国家界限、民族界限所区别划分,"所以基督的福音,各国民族的人都可一律接受,不必因有国家及民族的不同,而生差异"③。巢坤霖则指出,纯正的国际精神是纯正的基督精神,凡是了解基督教伦理观念的人们,自然而然会有一种国际精神,"基督的道德信人格底灵性有绝对的价值,承认人与人的关系应以爱作基础,并且以为人类现在的一切组织,事功,问题以及普通的状况应当指着上帝底国底一条大路上行去"④。通过普世性的凸显,基督教伦理竭力与殖民主义划清界限、去除"洋"的色彩,为基督教发展扫清道路。

基督教伦理通过凸显普世性以化解内部分歧。为了争夺信徒,天主教和新教都强调各自伦理观念的优越性,贬低对方伦理观念的价值,中

---

① 尤西林:《基督教超血亲伦理及其起源——从〈旧约〉到〈新约〉》,《江苏社会科学》2007 年第 2 期。

② 招观海:《中国本色基督教会与教会自立》,《本色之探——20 世纪中国基督教文化学术论集》,中国广播电视出版社 1999 年版,第 245 页。

③ 周风:《本色教会的讨论》,《本色之探——20 世纪中国基督教文化学术论集》,中国广播电视出版社 1999 年版,第 284 页。

④ 巢坤霖:《爱国主义国际主义和基督教教会》,《中国现代哲学史资料汇编(第一集第十一册)——无神论和宗教问题的论战》下,辽宁大学哲学系 1981 年版,第 423 页。

国人自然无法对基督教伦理形成一致的看法、理解和认同。为了化解基督教内部的矛盾和冲突,避免基督教的分裂,"以担负共同的任务——救人救国救世界",简又文强调基督教伦理的独特价值,凸显基督教伦理的普世性,认为解决新旧派争端唯有在共同的伦理任务上,"教会内部之冲突,即如个人解决之法,常以伦理的基督教观去代神学的、玄学的或神秘的。因伦理的观念所注重者在实行,倘吾教人士能寻出一个共同的任务,于是全体群策群力以担负之,而知识上的信念或礼拜中之仪式,一任个人自由抱守各不相侵,则合一之结果定可期得"①。在近代,外国差会林立,各教会都以各自母国名称冠名,都使用各自母国国旗,都受各自国家的保护,各教会的财产仍属于母国。林立的外国差会各传其说,在观念上存在种种差异,人们普遍认为此教以及所宣扬的伦理观念不可信。周风认为,现在中国的教会从欧美传来,不少西洋色彩随着欧美教会而转移到中国来,中国民众见了这种色彩,不免会把教会看作非我族类的一种事物。在他看来,纯粹而不带西洋色彩的教会,有以下六个特征:

1. 纯粹教会的本身是神人相和的。基督在世的工作,可总括为两层:一是敬神,一是救人……

2. 纯粹教会有能力无权威。教会的进步发展,完全出于一种不可思议的能力,这能力就是基督由保惠师所赐的信,望,爱……

3. 纯粹教会在组织上是合而为一的……所以纯粹的基督教会,必定没有分门别户的现象,没有分崩离散的组织,是世界的,是大同的,是合而为一的。

4. 纯粹教会在政治上是大同的……若含有国家主义色彩的教

① 史美夫:《伦理的基督教观》,简又文译,《东传福音》第十六册,黄山书社 2005 年版,第 146 页。

会,决不是纯粹的教会,也没有越国越族去传福音的资格。

　　5. 纯粹教会在社会上是博爱平等的……

　　6. 纯粹教会在经济上是财产神有的……①

　　通过对照不带西洋色彩的教会的特征,分析现实教会的情况,周风认为此时教会应该亟须铲除国家主义色彩和教会的分立门户。

　　为应对日益高涨的民族主义狂潮,强调普世性的基督教伦理主动增添民族性的资源和内涵。当然,民族主义内涵在辛亥革命前后有所区别,辛亥革命之前的可称为旧民族主义,辛亥革命之后的可称为新民族主义。旧民族主义是华夏文化中心论,其他民族非夷即戎、非狄即蛮,只有中华民族才是文明的。但随着西方列强、西方文明的强烈冲击,华夏民族、华夏文明反而遭遇被淘汰的危险。在这一背景下,中国近代知识分子改变了华夏文化中心论,把中华民族作为世界民族之林中的一员,以平等的身份和眼光来看待中外文化的关系。② 面对民族主义的狂潮,一些基督教界的进步人士纷纷表达自己是一个基督徒,还是一个中国人,狭隘的国家主义、害人利己的爱国主义行不通,唯有基督的博爱精神、爱仇敌理想才能造就世界永久的和平。在巢坤霖看来,"对自己的乡国没有一种刻时的兴趣和热烈的情爱的人,无论如何不能成为一个开明的国际主义者"③。吴雷川也持同样的观点,"基督教固然以全人类得救为博爱底目的,但社会进化有一定的程序,不能躐等而几。在这国家种

①　周风:《本色教会的讨论》,《本色之探——20世纪中国基督教文化学术论集》,中国广播电视出版社1999年版,第282—285页。

②　郭清香:《耶儒伦理比较研究——民国时期基督教与儒教伦理思想的冲突与融合》,中国社会科学出版社2006年版,第276页。

③　巢坤霖:《爱国主义国际主义和基督教教会》,《中国现代哲学史资料汇编(第一集第十一册)——无神论和宗教问题的论战》下册,辽宁大学哲学系1981年版,第422页。

族的界限还没有消灭的世界,尤其是中国正在要求国家独立、民族解放的阶段中,惟有提倡耶稣在当时爱国家民族的精神,使人知所效法"①。在国家民族立场上,基督教应当秉持自强不息的精神,绝不能有"宽柔以教、不报无道"的主张。在国难严重的时期,基督教的发展与中华民族的复兴应当发生密切的关系,基督教应该"当仁不让",为国家、民族的复兴担负起自己应负的责任。

总之,通过凸显普世性,基督教伦理逐步与殖民主义划清界限,弥合内部的分歧与冲突;通过增添民族性因素,更容易为中国百姓所接受,基督教伦理本土化进程实现了新的推进。

二、原罪论与性善论的调适

人性问题,是中国伦理学中最基本的问题之一。在中国传统伦理中,关于人性的观点和学说主要有五种:以告子为代表的人性无善无恶论,以世子为代表的人性有善有恶论,以孟子为代表的人性本善论,以荀子为代表的人性本恶论以及以老子为代表的人性超善恶论。从总体看,中国的人性论的主要倾向是以"性善论"为主体的德性主义,而不是"食、色,性也"的自然主义。②

在近代,基督教的原罪说与以"性善"为主体的人性论产生了直接冲突。在中国传统社会,善与恶是道德范畴,善在善恶关系中处于支配地位。在基督教理论中,罪、善、恶都具有道德意义,罪具有支配地位,人类因罪导致恶。"罪"是一种对上帝的触犯与不忠,人类历史是一个因罪而远离上帝,又因上帝的仁爱与圣宠回归上帝的历史。"恶"分为道德上的

---

① 吴雷川:《基督教与中国文化》,《东传福音》第十七册,黄山书社 2005 年版,第 769 页。

② 参见朱贻庭主编:《中国传统伦理思想史》,华东师范大学出版社 1989 年版,前言第 29 页。

恶和自然的恶,前者指道德上的恶的动机与行为,后者则指造成人类痛苦的自然秩序上的偏差,如瘟疫、地震、飓风等。恶可以被解释为罪的原因,也可以被解释为罪的结果,一定意义上基督教的恶可以归结为人类原罪。显然,基督教的原罪说与中国的性善论在理论上具有明显的冲突。

近代来华传教士大多以基督教的原罪观念来否定中国的性善观念。人性论是中国传统文化中最为重要的内容之一,因而近代来华的传教士十分重视对人性人伦问题的探究。① 许多来华传教士敏锐地意识到基督教的人性论与中国的性善论的根本差异。在花之安看来,基督教的人性论能圆满地解释人心的多样,人心虽然多样,"人性则归于一":

> 华儒论心与论性甚庞杂,不能晰分何等为性,何等为心? 或论性牵于心,或论心牵于性。孟子言人性皆善。宋儒解谓有气质之性,言气禀有清有浊,得其清者为圣为贤,得其浊者为愚为不肖。若依次解,是开侥幸之门,使小人得以藉口,谓天道亦有不公,因何赋我以不美之质,吾虽行恶,是气质之性使然,而有司不得执法而绳我……如是使人不自识其恶,祗归咎于天,固历来言性理者不一……心念美者,上帝所赋恶者,人之自为,人有自主之意,主于从善? 主于从恶? 所谓士各有志,而心由此不齐。②

除了以花之安为代表的西方传教士,许多中国本土的基督徒也纷纷

---

① 参见胡卫清:《中西人性论的冲突:近代来华传教士与孟子性善论》,《复旦学报(社会科学版)》2000 年第 3 期,第 68—75 页。

② 花之安:《马可讲义》,《东传福音》第十三册,黄山书社 2005 年版,第 148 页。

著文驳斥"性善论",认为"性善论"是不可信的。[①] 广东信徒尹维清反对孟子的性善论,认为恶是人先天固有的本性,而善则是后天习养的产物。郑雨人驳斥孟子"人之善也,犹水之就下"的观点,活生生的现实已告诉人们为善难而为恶易,人心发出的不是"仁义礼智"的善端,而是"骄奢淫佚"的恶情,因而"性善论"是不可信的。

为了得到中国人的认同,一些早期传教士以及中国本土基督徒逐步调适基督教伦理与性善论的关系。山东浸会郑雨人试图用《大学》中的明德说来解释基督教的原罪说,认为始祖本来具有纯洁光明的德性,可犯罪之后变得污秽昏暗,"明明德"能让人恢复原有的光明德性,复归至善至美的状态与境地。他说:

> 考之上帝造人,元祖灵性纯洁无疵,后被魔诱,生命顿迁,代代相因,性非纯善。(详见《创世纪》二章七节至四章八节)此本非虚诞之辞也,远征诸书,近验诸世,古今一辙,天下同然。乃儒教中人闻之,每剌谬焉。独不知儒书中,早有是说矣。忆昔尧授舜曰:人心惟危,道心惟微。显见人性中有道心,即有人心,且道心寡弱无能,而人心乘权有力也。又《大学》之道,首言明明德,夫明德禀之于天,何待人为,乃必心明之而后明,可见明德早失其明矣。[②]

民国之后,基督教伦理与中国人性论的调适力度进一步加大,一些新观念、新概念得以出现。高哲善一定程度上肯定了中国性善观念,提

① 参见姚兴富:《耶儒对话与融合——〈教会新报〉(1868—1874)》,宗教文化出版社2005年版,第119—123页。

② 山东烟台浸会郑雨人:《圣教儒教异同辨》,《教会新报》第二册,第803页;同治九年三月三十日(1870年4月30日),第84卷。转引自姚兴富:《耶儒对话与融合——〈教会新报〉(1868—1874)》,宗教文化出版社2005年版,第118—119页。

出了"大善"概念。在他看来,世人为善不是真的悔改,而是为了赢得赞誉,"今西方所传耶稣之道,原本于上帝之道也。上帝之道,与各教言天道者不同……且上帝为万善之根,故世间所作之善举,悉有上帝而来,凡诸善行,俱宜归之上帝……若道教言升天,释教言成佛,皆归诸上帝"①。由于中国人所行的善不完全,他于是将中国本土之善称为"小善",将基督教所讲的善称为"大善"。在一定意义上讲,"大善"概念的提出标志着基督教伦理的本土化进程推进到一个新的阶段。

三、神学伦理与伦常观念的调适

人伦关系是中国伦理思想史上的一个十分重要的问题。思想家研究阐释天人关系、人性问题和义利关系,必然会落脚到人伦问题。在人伦关系过程中,相关道德原则、道德规范应运而生,由人伦说产生了纲常说。这些道德原则、道德规范主要指"三纲""五常",其中孝的地位尤为突出。宋以后,儒家宣扬"天下无不是的父母",加上儒佛道合流,佛教、道教纷纷宣扬孝亲观念,甚至将孝提升为德之本以及教徒修身之本。发展到近代,各种劝孝文流行于社会的各个层面和角落,孝道说蔚成大观。一定意义上讲,基督教伦理是一种神学伦理,与深深影响中国人精神世界的五伦说、纲常说、孝亲说有很大区别,并作出了多种回应。

(一)与人伦说的调适。对于中国的人伦说,基督教作出了多种回应:否定、批评、修正和吸收。早期传教士花之安认为,五伦由于私恩,私恩由于情欲,情欲由于血气,五伦说具有局限性和狭隘性,况且世间伦常不仅包含人伦,还包括天伦和地伦,即使人伦也"不止五",还有师长之伦、官民之伦、交际之伦、同师之伦、父族之伦、母族之伦和妻族之伦,因此处理好人伦关系的唯一途径的就是信仰基督教,"惟冀世人崇信耶稣

---

① 高哲善:《问道津梁》,《东传福音》第十五册,黄山书社 2005 年版,第 215 页。

之道,天下一家,万国同伦"①。美国传教士林乐知将更多的精力放在论证基督教伦理与五伦说的共通性上。自 1869 年 12 月 4 日到 1870 年 1 月 8 日,他在《教会新报》上连续五期发表题为《消变明教论》的长篇文章,试图用基督教伦理印证五伦说是正确的:

> 儒教之所重者五伦,而吾教亦重五伦,证以《圣经》。言君臣者,《彼得前书》曰:尊皇上;(二章十七节)《宣道书》曰:不可诅皇上……言父子者,《马太传》曰:神之诚曰:敬尔父母;又曰:詈父母者必死……言夫妇者,《哥林多书》曰:夫宜一妻,女宜一夫,以免邪淫;(七章二节)《哥林西书》曰:妇服于夫,夫宜爱妇,不以苦待之……。言兄弟者,《彼得前书》曰:爱诸兄弟;(二章十七节)又曰:致爱兄弟无伪,由洁心而彼此切爱……以言朋友,《箴言》曰:膏与香悦人之心,友以心劝亦若是……夫儒教重五伦,吾教亦重五伦。教曰耶稣,心同孔孟。②

一些基督徒充分肯定五伦的地位和价值。在王治心看来,孔子道德学说的结晶是五伦,这种道德还带有当日时代精神,"而他那种'各尽其分'的——父慈子孝兄友弟敬——精义,实不能随时代而磨灭"③,况且在《圣经》里也有与五伦说相符的事例或言语,五伦观念与基督教伦理并无根本冲突,主张应当与五伦说进行会通。四川本色化运动代表人物宋

---

① 花之安:《天地人三伦》,《东传福音》第十七册,黄山书社 2005 年版,第 64 页。

② 《消变明教论》,《教会新报》第二册,第 613—614 页;同治八年十一月初二日(1869 年 12 月 4 日),第 64 卷。转引自姚兴富:《耶儒对话与融合——〈教会新报〉(1868—1874)》,宗教文化出版社 2005 年版,第 118—119 页。

③ 王治心:《中国本色教会的讨论》,《本色之探——20 世纪中国基督教文化学术论集》,中国广播电视出版社 1999 年版,第 240 页。

诚之认为基督教伦理与中国的人伦说并不违背,"余研究耶教有年矣,常读经典,深知耶稣之教,讲孝弟,重人伦,而实行推思博爱,与孔孟之道不相违背"①。他还大量引用《圣经》的话与故事,告诉人们耶稣之教光明正大,其教人有尊卑长幼之分,而其爱人则无南北西东之别,世间于是将博爱者称之为耶稣。

一些基督徒指出五伦说存在不足。谢扶雅在肯定基督教伦理与五伦说相通的同时,指出基督教伦理能补五伦说的不足。在他看来,世人多认为耶稣重天道而轻人伦,指责耶稣"摈弃慈母于门外"的做法,其实有曲解的成分,"耶稣虽没有像孔子那样致力阐明父子夫妇君臣之道,然其陈义至高,希冀取法乎上,尽得乎中……他平生最能体贴人情,决无违拂破坏的意思。且他特用五伦中的'父子',来拟上帝与人类的关系,足见其父于观念,何等深远高明,其在伦理上所开的新局面,何等光辉宏大?"②在赵紫宸看来,耶稣不讲五伦,而伦理井然,"他幼而孝顺,壮而爱人。以爱相推,岂无伦次;爱出于上帝,岂无分寸?然而耶稣以一伦概括人神,即朋友之伦是已"③。赵紫宸的话想要表明两点:五伦存在问题,不能达到道德秩序井然的目标;五伦有合理因素,特别是朋友之伦与基督教伦理的精神能够相合。

(二)与纲常说的调适。在近代,很多基督徒、神学家在整体上批评乃至否定中国的纲常说。由国家衰微而导致的被动挨打,痛击着国人的内心深处,冲击着中国人自尊的底线,各种救国方案纷纷出炉,又每每遭遇失败的命运。人们于是常常扪心自问,中国衰微的原因何在呢?为了

---

① 宋诚之:《基督教与中国文化》,《本色之探——20 世纪中国基督教文化学术论集》,中国广播电视出版社 1999 年版,第 76 页。
② 谢扶雅:《基督教新思潮与中国民族根本思想》,《本色之探——20 世纪中国基督教文化学术论集》,中国广播电视出版社 1999 年版,第 50 页。
③ 赵紫宸:《基督教哲学》,《赵紫宸文集》第一卷,商务印书馆 2003 年版,第 159 页。

吸收教徒、传播基督教，花之安通过对比西方国家与中国截然不同的境遇，试图告诉中国人，中国衰微的根源在于中国文化，中国文化的根源在于纲常伦理。在他看来，中国要摆脱衰微的境地，就应摒弃纲常说，尊崇基督教伦理，"夫理之大原，不外乎天道；欲明天道，必先知上帝"①。

一些基督徒以开放、包容甚至随时准备接纳的心态对待中国文化，肯定纲常说的价值，用基督教伦理比附五常，以寻求两种伦理的相通。不少基督徒特别欣赏五常中的"仁"，在《教会新报》上著文论证"仁"与基督教的"爱"的相通性，将"仁"等同于"爱"。② 传教士林乐知以《圣经》为分析依据，通过对比基督教伦理与中国的纲常说，认为"儒教重五常，吾教亦重五常"：

> 夫五常者，仁义礼智信是也。或疑吾教《圣经》中无仁字，不知仁即爱也。《圣经》言，爱即是仁也……再进言义，《诗篇》言义者最多。《诗篇》曰，耶和华以义为喜，必观正直之人……再进言礼，《圣经》明言礼者，如《罗马书》曰：以礼相让……再进言智，言智之最可贵者，《约伯记》曰：智慧之赋贵于珍珠，淡黄玉不能比，精金不能衡……再进言信，《哥林西书》曰：止于信。（一章）此与儒书《大学》合者也。③

以徐松石为代表的一些中国本土基督徒积极肯定三纲存在的意义，

---

① 花之安：《天地人三伦》，《东传福音》第十七册，黄山书社 2005 年版，第 3 页。
② 参见姚兴富：《耶儒对话与融合——〈教会新报〉(1868—1874)》，宗教文化出版社 2005 年版，第 141—145 页。
③ 《消变明教论》，《教会新报》第二册，第 621—624 页；同治八年十一月初九日(1869 年 12 月 11 日)，第 65 卷。转引自姚兴富：《耶儒对话与融合——〈教会新报〉(1868—1874)》，宗教文化出版社 2005 年版，第 138—139 页。

主张用新三纲取代旧三纲。在徐松石看来,民族的存立须要一定的纪纲,中国的纪纲包含三种,即夫为妻纲、父为子纲、君为臣纲,这三纲在中国传统社会中发挥了极大的作用,"倘若没有这种纪纲,中国就早已败亡衰坏了"①。但是此时中国的情况是民族纪纲的堕落,"夫为妻纲"的学说早被人打得支离破碎,"君为臣纲"被人摧残殆尽,而"父为子纲"则势单力薄,最紧要的还是将新的纪纲建立起来。通过分析西方"国为民纲"的具体情况,他认为西方的这种思想不符合建立新中华民族的需要,是行不通的,"中国旧纪纲当中的优点,我们应当保存。但是我们该有几个新的纪纲,用来适应新中华民族的需要。这就是灵为身纲、国为民纲和神为人纲"②。

不少基督徒将三纲与五常区别开来对待,即批评、否定三纲说而不同程度地肯定五常说。譬如,王治心对五常中的"仁"与"义"情有独钟,尤其赞同孟子将仁义调和起来的作法,人要在仁中有义,在义中有仁,这就是中庸之道。基督教似乎偏于仁的一面,中国文化对"仁"、"义"的兼顾有助于促进基督教的完美,基督教应该与中国文化在道德上进行调和,"一方面讲'爱'——仁,一方面讲'真理'——义"③。

(三)与孝亲说的调适。早期的西方传教士对于中国孝道大多持批评态度,特别是对由孝道所引发的祭祖现象、丧葬制度持否定态度。传教士丁韪良认为中国的孝道具有狭隘性,认为"肉体本乎父母,而灵魂实赋自上帝,则上帝诚为生人之大本"④。相对于丁韪良等人,传教士花之

① 徐松石:《基督眼里的中华民族》,《东传福音》第十七册,黄山书社 2005 年版,第 799 页。
② 徐松石:《基督眼里的中华民族》,《东传福音》第十七册,黄山书社 2005 年版,第 799 页。
③ 王治心:《中国文化与基督教融化可能中的一点》,《本色之探——20 世纪中国基督教文化学术论集》,中国广播电视出版社 1999 年版,第 59—60 页。
④ 丁韪良:《喻道传》,《东传福音》第十八册,黄山书社 2005 年版,第 99 页。

安则宽容得多,在批判中国孝道的同时,也积极肯定孝道的合理性,认为每个国家的人都重孝,"故孝道为人最要之端,各国皆同,不第中国然也"①。虽然世人都知道孝的重要性,可大多不知道为何而孝和怎样孝,于是"有以此为孝,有以彼为孝",多拘泥于外礼。通过大量引证中国典籍,比照基督教伦理,他认为中国论孝"多从外礼致",有的与理相通,有的与理相背,应当"取法耶稣孝之理"。

民国时期,基督教伦理与中国孝道的调适进一步深化。通过对十诫的阐释,狄乐播认为基督教伦理与中国的孝道并不冲突,第五诫就要求人们"孝敬父母"。周风将孝敬祖宗与崇拜鬼神区分开来,认为中国人孝敬祖宗与崇拜鬼神完全不同,因为中国人祭祀祖宗不过是追念遗泽,古时圣贤恐怕人们疏忽这追念遗泽的礼仪,所以喜欢用"'神道设教'的方法,加上许多鬼魄的寓言以感动之"②。也就是说,孝的观念并不违反基督教伦理,有存在的价值,只是方法需要改良。在方豪看来,孝道在我国最为发达,中国人多以孝为道德的始基,这种孝观念和重孝传统应当继续加以发扬,同时国人多以西方文化中没有对应"孝"的文字而断定西方无孝道,或认为西方人的孝道没有中国人那样重,这种说法是错误的。他通过引证《圣经》,指出孝为中国文化的中心,基督教与中国文化在重孝问题上是相合的,"孝固为我国道德之中心,但亦为公教道德之中心。公教与儒家学说之相合而不相违,此又其一也"③。诚静怡认为孝亲敬祖是中国文化中具有永久价值的要素。在谈到本色教会的建设时,他指出基督教必须适合东方人的需要,基督教事业必须与东方的习俗习惯、历史思想相融洽,教会首先要研究中国文化中具有永久价值的要素,对

---

① 花之安:《马可讲义》,《东传福音》第十三册,黄山书社 2005 年版,第 136 页。

② 周风:《本色教会的讨论》,《东传福音》第十九册,黄山书社 2005 年版,第 787 页。

③ 方豪:《论中西文化传统》,《本色之探——20 世纪中国基督教文化学术论集》,中国广播电视出版社 1999 年版,第 196 页。

孝道这一要素应当积极吸收,"我国孝亲敬祖,此点应当保存,而同时仍须尊重个人人格之价值与个人权利"①。

"大孝"说的提出标志着基督教伦理在本土化进程中迈出了很大一步。在明确作为大本之孝的错误性和融摄中国孝道合理性的基础上,高哲善提出了"大孝"观念。在他看来,孝不在虚文而在实行,中国孝道多固执于外在礼节,忽视了内在精神,因而存在很多弊端并导致了很坏的影响,这种弊端和危害鲜明体现在丧葬制度上:

> 夫孝子之丧亲,不能食者三日,其哭则不绝声,既病矣,杖而后起,问而后言……故亲属僚友乡党闻之而往救……三日则具糜粥,以扶其羸。每奠则执其礼,将葬则助其事……然丧家遇亲朋来者,皆散孝帛,此是北方风俗……僻县颇有资产者,如遇丧事,则一乡或数乡凡同宗戚属可至者,无论男女长幼,皆赴其家索食,丧家必一一欵待之。②

概括起来说,中国丧葬制度会损害人的身体健康,又浪费社会财富,并不是真正孝的行为,应当进行改良。除了丧葬制度,中国人所尊奉的"不孝有三,无后为大"同样不是真正孝的行为,"伯夷、叔齐二人,皆无后嗣,孔子称之为贤。故挽颓风,拒淫辞,正人伦,以显父母,此为大孝也,世之重孝道者其知之"③。他以禹、文王为事迹来说明何谓"大孝","若求裕孝道于后代,则善待骨肉之亲以及推惠宗室之人,由亲亲而仁民,由仁民而爱物,此孝思所以不匮也。彼世之言孝者,徒尚祭祀之虚文,何其

---

① 诚静怡:《本色教会之商榷》,《本色之探——20世纪中国基督教文化学术论集》,中国广播电视出版社1999年版,第262页。
② 高哲善:《问道津梁》,《东传福音》第十五册,黄山书社2005年版,第210页。
③ 高哲善:《问道津梁》,《东传福音》第十五册,黄山书社2005年版,第214页。

不知孝之大本哉!"①换言之,基督教所倡导的孝并不违背中国的孝道,而是高于中国的孝道,伯夷、叔齐、禹、文王的行为就是基督教所倡导的孝的行为,因而是"大孝"。在一定意义上讲,高哲善提出的"大孝"说类似于牟子提出的中国佛教的"大孝"说,日益突出孝道、重视孝亲成为基督教伦理、佛教伦理本土化的共同选择。

部分基督徒充分肯定中国孝道的积极价值。在王治心看来,五伦以孝弟为道德根源,由孝弟之道可推至养生丧死、慎终追远,由此形成了三千年来淳朴敦厚的风俗民情,"今则欧风东渐,高唱小家庭制度,不顾父母之养,在'子为校长父为阍人'的社会中所习以为常者,在数千年提倡'服劳奉养'的社会中,将斥为大逆"②。其实,这层层包裹在基督教外面的东西并不是基督教的本色。基督教伦理与中国孝道并不冲突,中国的基督教应当而且必须与中国孝道进行调和,只有这样才能为中国人接受,才能在中华大地上生根并苗壮成长。宋诚之更为激进,喊出"祭祖万不可废"的鲜明口号。在近代传教过程中,许多西方传教士或依据基督教教义,或依据欧美风俗,对中国孝道进行了尖锐的批评,对重孝行为和制度大加指责。有些教会中的本国同事同道,往往将西方传教士带来的习俗奉为教义,一入教时先去祖宗神位,以割断慎终追远。这位对西方文化相当了解的中国人,对西洋"灭绝孝道"之俗进行了坚决的抨击,指出西洋"灭绝孝道"之俗的虚伪和无情。为了证明基督教真义与中国孝道是相合的,他引经据典:

　　读《旧约·出埃及记》二十章十二节,"当孝敬尔父母,则可于耶

---

① 高哲善:《问道津梁》,《东传福音》第十五册,黄山书社 2005 年版,第 222 页。

② 王治心:《中国本色教会的讨论》,《本色之探——20 世纪中国基督教文化学术论集》,中国广播电视出版社 1999 年版,第 240 页。

和华尔上帝所赐之地，而享遐龄"，是摩西于数千年前传十诚诗，已认定孝敬父母为立身之本矣。读《新约·路加福音》二章五十一节，"耶稣与归拿撒勒，承顺父母，其母以此藏诸心"，此耶稣年十有二之孝行记载也……夫耶稣道成肉身，代天宣道，拯救世人，其立身，自幼至壮至死，莫不以孝弟为怀，以敬亲之心而敬众人，以爱弟之心而爱同胞，此其博爱报恩，至大至广。[①]

基督教的真义并不反对孝行，教会禁止中国教徒祭祖的做法是错误的、失败的。首先，祭拜祖先是国人向先人表达敬意的一种方式。他将祭祖与偶像崇拜区分开来，认为中国人祭拜祖先并非与上帝匹敌，而是人生报本反始、慎终追远的方式。况且《圣经》中不乏纪念祖先的记载，纪念、尊敬祖先还能够起到警恶劝善的作用，祭祖并不违背基督教的教义。其次，不应将上帝和中国社会对立起来。基督教是伦理宗教，是道德崇高的宗教，是不可能蔑弃祖先而不敬的。同时，祭祀祖先是培植人的良心的根本方法，教会非但不应当制止教徒祭祖，反而应当尽量提倡。最后，禁止教徒祭祖使基督教戴上了"洋教"的称谓。通过分析基督教在华近百年传教的得失，他认为禁止教徒祭祖"断丧人伦""灭绝人伦"，中国人当然不能接受，这也阻碍了基督教的传播和发展，必须大力倡导孝道。

以赵紫宸为代表的基督徒，认为基督教伦理与中国的孝道之间具有契合处，基督教信仰还能够弥补中国孝道的缺陷。中国人重伦理，其主要道德原则是"仁"，而"仁"的根本则是"孝"。在他看来，中国人父慈子孝、君明臣忠的道德能够激发人的情感，引起人的德性的变化，造就虔诚的

---

① 宋诚之:《基督教与中国文化》,《本色之探——20世纪中国基督教文化学术论集》,中国广播电视出版社 1999 年版,第 76—77 页。

事业。从社会伦理的角度看，中国文化尊崇的是一种"孝"的宗教，"有孝的宗教，就有孝的社会，就有善继人之志，善述人之事的行为。中国若没有孝教、名教，维持民族的存在，恐怕不能存立到今朝"①。与此同时，中国"孝"的宗教存在种种缺陷，比如只注重古圣先王而忽视"后生小子"，只遵守旧章而不开辟新世界，使中国人向后看；为人们提供了严格的道德准则和行为指南，忠孝制度也埋没了中国人的个性独立和人格尊严；提供了入世的为人之道，而以忠孝为原则的"大同世界"却很难在现世中实现，缺乏超越的纬度。在国家民族经历大灾大难时，这种"孝"的宗教不能满足人的需求，基督教信仰恰恰能弥补上述缺陷。一方面，基督教具有儒家"孝的宗教"的基本精神。他认为，作为上帝之子，耶稣最伟大的人格是博爱、牺牲，活出的生命与中国的"孝理孝教"颇为一致，不妨将耶稣等同于圣贤，将耶稣的受苦和死亡理解为"孝"。另一方面，上帝为父的经验可以使个人脱离传统的现世桎梏，让人性得到充分发展。除此之外，与上帝的沟通能够使人获得神秘的经验和力量，从而保证道德理想的实现，巩固中国伦理的基础。

与宋诚之高调倡导孝道以及主张保留祭祖不同，郭中一、范丽海等人在孝道与祭祖问题上有所保留。宋诚之的观点和主张，在基督教界引起很大震动。在郭中一看来，基督教伦理确实要求人们孝敬父母，且与中国孝道有很多相合之处，因而本色化的教会应当重视孝道观念，融摄孝亲观念，但《圣经》中并未视孝敬父母为立身之本，认为崇敬上帝是立身之本，"最多只能说伦常与宗教并重"②。范丽海充分肯定孝道的历史地位和现实价值，从历史来看，"中国伦理道德，以孝字做总纲，孝为百行之源"，经历五帝三王，祭祀祖宗的基础日益巩固；从现实来看，祭祖告诉

① 赵紫宸：《基督教进解》，《赵紫宸文集》第二卷，商务印书馆2004年版，第89页。
② 郭中一：《关于基督教与中国文化之商讨》，《本色之探——20世纪中国基督教文化学术论集》，中国广播电视出版社1999年版，第103页。

人们不要忘记祖宗,是培育孝行的根据地,进而塑造人们知恩报恩的厚德,具有积极的现实意义。在当时的祭祖现象中,确实存在陋习和弊端,譬如将祭祖与祈祷纠缠在一起,只重祭祀祖宗的形式而忘记孝的精神,只重死而不重生。因此,中国的基督徒应当"能跟着'不忘祖宗'的本旨,重行改造出一种清洁高尚的纪念祖宗仪式","不但教内的人可以遵依,也使教外的人愿意仿效。那末,于中国伦理道德及宗教文化上,皆有裨益"。[1]

总之,为了能让中国人接受,为中国伦理文化容忍,基督教伦理先在普世性与民族性的关系层面进行了调适,进而与中国本土的性善说、伦常说进行了调适。除此之外,基督教伦理还就天人关系、义利关系、道德修行、祸福关系等问题与中国本土伦理进行了对话、交流。显然,上述努力有助于基督教伦理与殖民主义划清界限,有助于基督教化解与中国本土伦理观念的直接冲突,有助于基督教伦理的内在团结和共同发展,逐步改变异质伦理的性质,为其在中华大地上健康发展铺平了道路。

---

① 范丽海:《中国祭祀祖宗的我见》,《本色之探——20世纪中国基督教文化学术论集》,中国广播电视出版社1999年版,第421页。

第五章 把握规律启示

中国宗教伦理近代化研究是宗教伦理研究的新领域和新拓展。此项研究,上接近代之前中国宗教伦理演进,下承当代中国宗教伦理发展,起到承上启下的作用,拓展了宗教伦理的研究视阈,促进了宗教伦理的研究深度,还展现出历史过程中的内在规律性,对当下中国宗教伦理研究和建设有几点启示。

第一节 以有力引导保障正确方向

宗教伦理的社会作用具有两重性,是一种积极性和消极性共生共存的道德现象。只看到宗教伦理的积极作用而看不到消极作用,或只看到消极作用而看不到积极作用,都是片面的观点和做法。最大限度发挥宗教伦理的积极作用,最大限度抑制宗教伦理的消极作用,关键要因势利导、趋利避害,"导"之有方、"导"之有力、"导"之有效,使我国宗教伦理始终沿着中国化方向发展,推动各宗教与社会主义社会相适应。

一、强化政治引导

宗教问题始终是我们党治国理政必须处理好的重大问题,宗教工作在党和国家工作全局中具有特殊重要性,关系中国特色社会主义事业发展,关系党同人民群众的血肉联系,关系社会和谐、民族团结,关系国家安全和祖国统一。人类社会发展的历史证明,宗教及其伦理观念的根源不在天上而是在人间,宗教伦理与政治有着十分紧密的联系。伴随着宗教的理论化和体系化,特定宗教制度与祭祀、巫祝阶层逐步形成,统治阶级为了谋取本阶级的利益和维护现存的社会秩序,使政权与神权联姻,让神权高于人权、人道,但这种政教体制一经僵化必然导致神权对人权、人道的否定,乃至宗教的迫害和带有政治色彩的宗教战争。在社会主义历史条件下,我国各宗教通过自身调整和社会改革,走上了与社会主义社会相适应的道路。同时应当看到,受到国际国内复杂形势的影响,我国宗教领域还存在着一些突出矛盾和问题,处理不当会对党和国家工作大局造成损害,在国内外产生不良影响。因此,开展宗教伦理研究,不能只顾理论不顾现实,只讲积极作用不讲消极影响,必须善于从政治上认识、看待和把握相关问题,深刻认识到宗教伦理背后复杂的社会政治因素,增强政治敏锐性和判断力,把讲政治贯穿到研究工作的全过程。

强化政治引导重在形成政治认同。政治认同是社会成员对所属政治共同体的情感、观念与理想之复合体,表现为对政治共同体的认知归属与情感依附。主要包括社会成员对国家主权、基本政治制度、政治理念、国家结构体系、国家法律法规的权威性之承认、信仰和忠诚。[1] 随着民族危机的加剧,近代中国人的民族意识逐步觉醒,民族主义运动风起云涌,各宗教显然不能置身于民族主义运动之外,不少宗教界进步人士积极适应当时的政治环境,将中华民族整体利益放在首位,共同抵御外族侵略,主动参与社会救亡,成为一股历史进步力量。自晚清以来,基督教在中国民族主义大潮中长期保持观望态度,大多不认同国家主义性质的爱国运动。以"九一八"事变为转机,基督教学校的师生在中国的民族

---

[1] 马素珍、马雅琦:《从宗教界共同参与抗击疫情 透视我国宗教坚持中国化方向》,《中国宗教》2020年第4期。

主义运动中反倒成了先锋,这是一个具有界标意义的变化。① 新冠肺炎疫情发生后,我国宗教界按照党中央统一部署,突出宗教伦理的积极因素,主动服务国家大局,暂停开放宗教活动场所和集体宗教活动,加强对信教群众的宣传引导,与全国人民一道抗击疫情,产生了良好的社会效应。

当今世界正经历百年未有之大变局,中华民族正处于伟大复兴的关键时期,两个大局同步交织、相互激荡。立足新时代,应当善于引导宗教界人士和广大信教群众在政治上形成正向共识,增强对伟大祖国、中华民族、中华文化、中国共产党、中国特色社会主义的认同,自觉忠诚于政治共同体,热爱国家、热爱人民,维护国家统一,维护中华民族大团结,服从服务于国家最高利益和中华民族整体利益,做到知党爱党、与党同心同德、听党话跟党走。

二、强化思想引导

理论是行动的指南,没有与时俱进的理论,就难以指导不断发展的实践。在中国宗教伦理近代化的进程中,先进理论的影响和引导作用十分明显。进化理论传入中国后,宗教界一些进步人士认识到其合理性和进步性,积极吸收进化伦理,并逐步复活宗教理论中的上述观念。中华民国成立后,长期居于主导地位的儒家伦理逐步旁落,来自欧美的自由主义思潮与来自俄国的共产主义思潮形成强大的冲击波,震撼着中国人的精神世界,宗教界进步人士主动回应新兴伦理思潮,或充分肯定三民主义的时代价值,或积极吸收马克思主义伦理观念,为新政权建立、社会发展以及民族救亡进行了大量的理论论证与革新。历史充分证明,中国

---

① 张德明、苏明强:《教会学校与民族主义:华北基督教学校抗日救亡运动探析(1931—1937)》,《福建论坛》2015年第11期。

宗教伦理在先进理论的指引下,顺应了时代要求,推动了社会进步,也实现了自身的创新发展。

新中国成立后特别是改革开放以来,我们党立足于社会主义初级阶段这一基本国情,着眼于改革开放这一最大实际,坚持以马克思主义宗教观为指导,提出了关于宗教问题的基本观点和基本政策,形成了中国特色社会主义宗教理论。作为马克思主义宗教观中国化的最新理论成果,中国特色社会主义宗教理论是中国特色社会主义理论体系的重要内容,也是开展宗教伦理研究的理论指导。在当代中国,坚持中国特色社会主义宗教理论,就是坚持马克思主义宗教观。①

党的十八大以来,习近平总书记高度重视宗教工作,提出了一系列新思路新论断新要求,明确了宗教工作的根本方向、基本原则、政策要求和工作重点,丰富和发展了中国特色社会主义宗教理论,为中国特色宗教工作道路提供了基本遵循和行动指南。中国共产党主张无神论,共产党人与信教群众的世界观不同,但不妨碍政治上团结合作。在理论研究时,必须坚持和运用马克思主义立场、观点、方法,深刻认识宗教工作在党和国家工作全局中的特殊重要性,探寻和把握宗教伦理的本质特征和发展规律。在实际工作中,要以习近平新时代中国特色社会主义思想为指引,把广大信教群众团结在党和政府周围,发挥他们在参与经济建设、促进社会稳定、加强民族团结、维护祖国统一、弘扬传统文化、建设生态文明、提升道德素养、开展公益慈善等方面的积极性,共同致力于新时代中国特色社会主义伟大事业。

三、强化价值引导

中国宗教伦理近代化研究表明,中国宗教发展史是一个伦理化道路

---

① 王作安:《坚持走中国特色宗教工作之路》,《中国宗教》2015年第9期。

的渐进史。从理论演进看,太虚倡导的人间佛教运动开启了佛教伦理化的历程。他鲜明地提出"盈人间世无一非佛法,无一非佛事"①,将佛教从彼岸世界拉回到此岸世界,实现了佛教由出世到入世的重大转向;强调成就佛菩萨位的目的,在于行菩萨行以增进人间道德、利益世俗人心,解决了佛教人间化与化人间的关系。道教学者陈撄宁在继承传统丹学"仙道贵生"、"仙道贵德"等传统的基础上,赋予仙学以鲜明的时代特色,突出仙学的伦理内涵,强调仙学修炼要以救世救国为重,主张"道为公有"、"平民有分",大力倡导男女平,等等。民国时期的基督教学者简又文、赵紫宸等人逐步舍弃"神学的、玄学的、典礼的、神秘的观念",倡导"伦理的基督教观",认为基督教是伦理宗教,是"上帝与人同居同行的伦理生活"。② 从实践作为看,中国近代宗教界在传统之外又发展了若干新形式、新办法,譬如建立慈善组织与机构、举办规模较大的赈灾活动以及关注被社会遗忘的角落。近代宗教慈善教育文化事业,恰恰从个人寻求自我解脱或拯救出发,以宗教热诚投身上述事业,不断扩大个人对社会负有的责任,同时也扩大了宗教自身的社会影响。可以讲,当各宗教过分突出神学色彩,特别是神学内涵压倒伦理内涵的时候,往往是发展受阻、影响受限的时期,清中后叶各宗教的发展状况说明了这一点;当各宗教与时俱进地突出、阐释宗教伦理的特定内涵时,往往是发展顺畅、影响较大的时期,民国时期中国宗教的较快发展则给予印证。

当今世界各宗教大多通过声明、宣言、改革等方式,认同伦理化的发展方向,践行伦理化的发展道路。首先,大力弘扬人间佛教精神是佛教界对伦理化道路认同的重要表现。新中国成立后,赵朴初居士主张以大乘入世的精神救国济民,以自身的菩萨愿行实践人间佛教,认为佛教教

① 印顺:《太虚大师年谱》,宗教文化出版社1995年版,第65页。
② 赵紫宸:《基督教进解》,《赵紫宸文集》第二卷,商务印书馆2004年版,第93页。

义中富有建设人间净土、庄严国土、利乐有情的理想，众生平等的主张，报四重恩、普度众生的愿力，诸恶莫作、众善奉行、自净自意的原则，慈悲喜舍、四摄六和的精神，广学多闻、难学能学、尽一切学的教诫，自利利他、广种福田的思想，禁止杀、盗、淫、妄等戒规，以及中国佛教的许多优良传统，佛教的这些伦理精神对当今社会主义精神文明、道德建设仍具有积极意义。其次，重社会伦理关怀是当代基督教界对伦理化道路认同的重要表现。作为当今世界最有影响的基督教组织之一，世界基督教会联合会（World Council of Churches）在普世教会运动（the Ecumenical Movement）中非常重视教会的社会伦理关怀；二十世纪五六十年代，将"负责的社会"（a responsible society）作为联合会社会思想中最为重要的内容；八十年代以后，倡导"公正、和平与创造的整合"，要求基督徒应该抵制种族歧视、性别歧视、种族压迫、经济剥削、军国主义、侵犯人权等观念与行为，其发布的宣言和采取的行动强调了基督教的伦理内涵，突出了教会的伦理价值。再次，不论是"仙学"的近代建构还是"生活道教"的当代倡导，都是道教界认同伦理化道路的重要表现。新中国成立后，中国道教沿着"仙学"的发展道路继续前进。在建设中国特色社会主义的过程中，当代道教界挖掘道教中丰富的伦理资源，重视道教伦理的当代价值，对道教的发展道路进行积极的探索，提出"生活道教"的发展道路，以顺应社会发展，为时代的进步做出了积极贡献。

文化自信是民族强盛最为持久的力量。用社会主义核心价值观引领、用中华优秀传统文化教育宗教界人士和信教群众，是我国宗教坚持中国化方向的当代体现。我国各宗教都有各自的教义教规，其中不乏教义教规所蕴含的价值主张与现代社会不符。社会主义核心价值观是当代中国的核心价值，是中华优秀传统文化和中华优良传统的时代结晶。在国家层面的价值目标是建设富强、民主、文明、和谐的社会主义现代化国家，实现中华民族伟大复兴的中国梦，要大力引导宗教界人士和信教群众树立正确的国家观、民族观,把社会主义核心价值观的基本要求融入各宗教的教规教义、宗教活动和广大教徒的日常工作生活,并坚决防范西方意识形态的渗透,自觉抵御宗教极端主义思潮的影响。在社会层面的价值取向是自由、平等、公正、法治,重点要提高宗教工作法治化水平,用法律规范政府管理宗教事务的行为,用法律调节涉及宗教的各种社会关系,教育引导广大信教群众正确认识和处理国法与教规的关系,增强法治观念,提高依法依规开展宗教活动的自觉性和主动性。在公民个人层面的价值准则是爱国、敬业、诚信、友善,要广泛开展爱国主义教育,引导宗教界人士和信教群众把爱国守法、明礼诚信、团结友善、勤俭自强、敬业奉献等基本道德规范融入宗教思想、宗教道德和教规制度建设中,努力成为他们普遍认同和自觉遵守的行为准则。

第二节　以时代阐释顺应社会发展

宗教伦理价值的日益凸显是宗教世俗化的外在表现,也是宗教发展的一大趋势。与时俱进突出宗教伦理的特定内涵,支持各宗教在保持基本信仰、核心教义、礼仪制度的同时,深入挖掘教义教规中有利于社会和谐、时代进步、健康文明的内容,对教规教义作出符合当代中国发展进步要求、符合中华优秀传统文化的阐释,有助于宗教伦理的作用发挥、各宗教的健康发展。

一、挖掘有益资源

中国宗教伦理近代化表明,廓清本源面貌、承续有益资源是实现宗教健康发展的基础性工程。从伦理学的角度看,中国宗教伦理在历史上发挥了一定的积极作用,主要表现在两个方面:一是宗教伦理为源远流长的中华文明提供了许多有益资源,特别是汉代以后,儒释道共同支撑了中华文化发展,以道教伦理、佛教伦理为代表的宗教伦理成为中国传统伦理的重要内涵,宗教伦理的发展史、革新史成为中国伦理思想史不可或缺的组成部分;二是因为中国传统社会是一个宗法制社会,作为家庭延伸的寺庙、道观等宗教场所,无疑为传统社会道德教化提供了一个场所、空间。在近代中国,佛教、道教越来越多地与鬼神迷信等落后观念相结合,求福消灾的活动泛滥,滥剃度、滥传戒、滥主持的现象严重,宗教的伦理资源、伦理价值淹没于衰败的宗教实践中。基督教往往与殖民主义勾连在一起,特别是一些传教士为殖民主义者出谋划策,使得基督教伦理既无法回应时代主题,也无法找到成长之地。在这样的困境下,各宗教联系社会现实,重视从教义教规中发掘,复活有益资源。比如,在十九世纪中叶,连年战乱特别是太平天国运动的冲击使得佛教典籍遗失殆尽,佛教伦理的理论传播与发展受到制约,这一阶段的主要任务是恢复佛教伦理的真实面貌,逐步开展佛教伦理研究以及彰显佛教的伦理价值。杨文会开启了这一事业,将佛教伦理弘扬与社会服务、国家复兴联系起来,阐明佛教对社会现实的有用性与存在的合理性,指出佛教伦理能使人深信善恶果报,形成改恶迁善之心,然后人人感化,实现太平之世,推动了佛教伦理的承续和发展。

作为重要的历史文化资源,宗教具有伦理功能,宗教的伦理功能又广泛体现在宗教伦理之中。宗教伦理大都以劝善去恶、助人济世、人伦亲情为要旨,以此构筑的伦理体系和价值体系,切合了人类社会的最基本的伦理需要,体现了其正向的社会价值。[①] 以道教为例,"道教的伦理道德思想,其内容是丰富多彩的,就其总体而言,不外乎教人为善,不要为恶,强调个人的积善立德。这种思想,显然是对社会有益的"[②]。佛

---

① 杨明:《宗教与伦理》,译林出版社 2010 年版,第 56—57 页。

② 卿希泰:《道教文化与现代社会生活研究》,巴蜀书社 2007 年版,第 83 页。

教、基督教等宗教也大致如此。譬如,各宗教伦理中的克己、朝拜、五功等观念和行为,有助于提升信教群众的道德判断能力和道德自律能力,进而促进人的身心和谐;佛教的去恶从善、平等与自利利他等观念,道教的行善积德观念,基督教爱的德目与爱人如己的诫命,伊斯兰教强调的合作精神,经过必要的时代转化,影响信教群众,将有助于缓解人与人之间的冷漠、对立乃至敌对,有助于在人与人之间建立友爱、和谐和诚信的关系;宗教伦理中的观念与戒律,能够使信教群众产生"敬畏生命"之感,可为当前生态矛盾的化解、促进人与自然的和谐提供一种价值资源;"全球伦理"倡导的伦理规则是人类应当共同遵守的全球伦理,通过行之有效的倡导、践行,将有助于宗教的合作与和谐,有助于国家之间、民族之间的和平共处。

在现代社会,宗教为信徒设计天国生活蓝图的梦想遭到破灭,但仍能维系他们的道德信念,可为信教群众的尘世生活提供行为指导。比如,宗教伦理可引导信教群众按照宗教戒律和规范来处理人与人之间的关系,这对提高宗教领域信教群众的道德水平有一定影响;与社会主义道德规范相符合的宗教伦理,通过对社会恶的现象的贬斥,以及对善的行为的肯定,有助于调节信教群众之间、信教群众与不信教群众的社会活动,进而调整社会伦理关系,这对维护良好的社会道德秩序将起到积极的推动作用。当前,我国尚处于社会主义初级阶段,宗教伦理思想在信教群众中仍有一定的影响,宗教伦理观念还在一定社会领域内发挥作用,应当善于利用宗教教义、宗教教规和宗教道德中的积极因素为社会主义服务。

二、突出现代转换

中国宗教伦理近代化表明,与时俱进地突出特定内涵是近代中国宗教突破发展困境的必然要求。比如,在近代中国,救国救世是最为紧迫的历史任务和时代使命,是否支持、参与救国救世已成为社会各界对个人、团体、政党进行道德评判的首要标准。作为社会的有机组成部分,宗教界进步人士积极回应和参与救国救世事业,充分挖掘救国救世资源,突出救国救世伦理精神,强调世间行善的重要性,提出佛法救国救世论、仙道救国救世论和基督救国救世论的口号与理论。正是通过与时俱进地突出救国救世伦理精神,中国宗教逐步改变内外交困的局面,扩大了宗教伦理的社会影响,逐步摆脱发展上的诸多困境。

通过对传统宗教伦理的时代阐释,中国宗教伦理焕发新的活力。为了完成中国宗教伦理的近代化,宗教界进步人士运用比附、融摄以及诠释等方法革新宗教伦理,以回应现实世界的变化,跟上时代发展的步伐。由此,佛教众生平等观念、道教道为公有观念、基督教上帝面前人人平等观念,蕴含着近代平等的色彩;佛教的慈悲观念、基督教的爱的观念,具有近代博爱思想的含义;宗教诸神的神圣性逐步弱化,人格形象日益突出;宗教诸神的神秘色彩逐步消解,道德内涵和道德功用凸显,神的道德人格化阐释十分明显。显然,传统宗教伦理的时代阐释顺应了时代的发展,促进了中国宗教的健康发展。

社会不断变迁,时代日益进步。推动中国宗教伦理的现代转换,要紧扣以爱国主义为核心的民族精神和以改革开放为核心的时代精神,传承宗教教义教规中历久弥新的积极因素,摒弃教义教规中不合时宜的陈旧内容,不断赋予新的时代内涵和现代表达形式,实现创造性转化和创新性发展,使之充分体现中华传统美德和人文精神,与中国当代文化相融合、与现代社会相适应。

三、做到自觉适应

宗教伦理的本土化,是世界各宗教伦理生存和发展的普遍规律。我国佛教、伊斯兰教、基督教都是从外部传入,其伦理观念与本土伦理观念,经历了长期的、主动的交流、磨合、交融,逐步与中国政治、经济、文化和社会相适应,实现了契理契机、与时偕行。

在近代中国,为摆脱自身困境,宗教界有识之士认识到宗教伦理与现实社会密不可分,于是不得不弱化神的神圣性、神秘性,或主动调适宗教伦理出世与入世的关系,或极力突出宗教伦理入世的理论资源,强调世间善法、世间行善的重要性,进而建构以关注、关怀社会著称的"人间佛教"、"新仙学"以及本土化基督教等理论体系。在实践上,作为一支社会力量,宗教界发扬爱国救世的伦理精神,积极参加抗击侵略的斗争,参与社会生产的恢复和发展,强调对社会的伦理关怀和伦理救助,上述努力促进了中国宗教的健康发展,推动了社会和谐。

只有适应中国社会,融合中国文化,才能实现从"宗教在中国"到"中国宗教"的深刻转变,才能在中国土地上扎根生长。无论本土宗教伦理还是外来宗教伦理,都应当不断适应我国社会发展,特别是文化传统,做到契理契机、与时偕行。当前,要鼓励宗教界发扬济世利人的优良传统,支持和规范宗教界从事公益慈善活动,不断探索和拓展服务社会的新途径,促进社会和谐。信教群众是宗教伦理的实践者,要引导他们正确对待现世和来世、神圣与世俗的关系,积极履行社会责任,爱岗敬业、勤劳致富,同不信教群众一道,用诚实劳动创造现世幸福,为促进经济社会发展做出积极贡献。

第三节　以交流互鉴推动和谐共生

在当今世界,和谐共生无疑是人类共同的价值追求。当前,在批判地继承和谐理念历史资源的基础上,我们对内建设中华民族共同精神家园,对外倡议共建人类命运共同体,中国宗教伦理中的一些思想、观念经过必要的时代转化,仍具积极的现实价值。

一、开展宗教伦理对话

中国宗教伦理近代化研究表明,伦理对话有助于各宗教的健康发展。由于信仰对象、神灵系统不同,各宗教在信仰层面往往互相指责,具有排他倾向。在近代中国,基督教斥责佛教、道教中存在神灵崇拜与偶像崇拜,指责它们是多神的宗教,而佛教、道教则不承认基督教所崇拜的最高神——上帝,并认为基督教是西方殖民主义者的帮凶,双方互不相容。在此情景下,伦理层面的对话就成为宗教对话的一个切入点,伦理对话更容易形成基本共识。这种伦理共识的达成,有助于宗教之间的和谐相处,有助于各宗教宗派之间的和谐相处,还有助于宗教与其他社会存在的和谐相处。

当今世界各宗教在伦理层面的对话行动表明,伦理对话推动了宗教的健康发展。人类命运共同体把世界作为一个你中有我、我中有你的命运共同体,倡导"和而不同",尊重文明多样性,推动和平的薪火代代相传、发展的动力源源不竭、文明的光芒熠熠生辉,反映了人类社会共同价值追求,汇聚了世界各国人民对和平、发展、繁荣向往的最大公约数。1993年8—9月,在芝加哥召开的"世界宗教议会"上,各宗教团体与领袖讨论并签署了《走向全球伦理宣言》,这一《宣言》以及孔汉思等宗教界人士的著作,致力于探寻一种基于宗教对话的全球伦理,并认为没有一种全球伦理人类就无法生存,没有宗教间的和平则没有世界和平,没有宗教之间的对话则没有宗教之间的和平。许多学者认为,世界各宗教在伦理方面能够找到最低限度的共同之处,各宗教的伦理资源能够为宗教间的对话提供桥梁和平台,这种对话无疑促进了各宗教之间的和谐相处和世界和平。

当然,推动各宗教开展伦理对话、寻求伦理共识应当有必要的界限。历史已证明,国家及意识形态是社会历史发展的产物,任何一个民族和国家都创造了具有本民族、国家特色的文化价值观和意识形态。这是民族精神的体现,是国家思想文化的源泉,是一定社会存在和发展的动力,它在今天和未来都不会失去其应有的价值和功能。[①]当前国际形势波谲云诡,逆全球化思潮兴起,政治、经济和军事的霸权,必然会反映和表现为文化、思想以及"话语"上的霸权。对此,必须保持高度警惕,防止用弱化或贬低意识形态的方式来开展宗教交流。

二、汲取世俗伦理营养

从宗教伦理与世俗伦理的关系看,宗教伦理不仅与世俗伦理共融共存,既可以从世俗伦理汲取营养,又可以为世俗社会的道德建设提供有益资源。在近代,随着倡导启蒙的伦理思潮日益高涨,自由平等、进化伦理、国民道德、道德人格等伦理观念逐步进入国人的内心深处。在一定意义上讲,对这些新伦理观念的态度成为评判当时人们进步与否的一个试金石。为了摆脱发展困境,宗教界在融合儒家伦理的同时,逐步复活宗教理论中的上述观念,并赋予其时代内涵,以回应新兴伦理思潮。中国宗教伦理近代化研究表明,通过与时俱进地突出自由平等、进化伦理、国民道德、道德人格等伦理观念,中国宗教改善了自身的形象,拓展了发展空间,扩大了社会影响,推进了自身的健康发展,促进了社会的进步。

要进一步融摄传统伦理。五千多年文明发展中孕育的中华优秀传统文化,积淀着中华民族最深沉的精神追求,是中华民族生生不息、发展壮大的丰厚滋养,是中国特色社会主义植根的文化沃土,对延续和发展中华文明、促进人类文明进步发挥着重要作用。比如,中华优秀传统文化具有"和而不同"、"中道宽容"的精神,闪耀着跨时代的文明价值,可以缓解因宗教排他性而导致的宗教冲突和宗教战争,是中华文化对全球化

---

① 郭广银、赵健全:《机遇与回应:面对"全球伦理"思潮》,《齐鲁学刊》2002年第1期。

时代的重要贡献。比如,中华优秀传统文化还具有"天人合一""凡圣合一"的传统,有助于化解当代各种宗教所面临的世俗化与神圣化的矛盾。① 对这些仍具时代价值的传统伦理观念,各宗教应继续自觉吸收,融入教义教规,使其植根于中华优秀传统文化的沃土中。

要积极吸收新伦理观念。伦理文化的发展,要不忘本来、吸收外来、面向未来。新中国成立后特别是改革开放以来,伦理学理论被广泛运用于研究现实问题,并与相关学科融合,科技伦理学、生命伦理学、医学伦理学、经济伦理学、政治伦理学、网络伦理学等应用伦理学异军突起,成为伦理学充满活力的新兴学科。广大伦理学工作者履行为社会道德治理提供学术支持的重大责任,深入研究环境问题、生态问题、科技问题、网络问题等蕴含的伦理问题,从伦理学角度对一些重大现实问题提出有价值的对策建议。② 同时,还积极参与研究构建人类命运共同体和人类共同价值,努力为完善全球治理贡献中国道德智慧。对新兴伦理理论和观念,各宗教应跟上时代节拍,保持理念上的开放性,自觉强化对新兴伦理观念的消化吸收,从而保持发展的内在活力。

宗教伦理的发展需要在实践中检验,宗教伦理的价值需要在实践中实现。宗教对社会的伦理关怀和救助,可统称为宗教的社会关怀,这种社会关怀具有明显的伦理价值。一方面,社会关怀是个人道德生活的自我完善。社会关怀是人性自我道德觉醒下的献身服务,从自身的完善扩充到人际间的完善,从现实的生活苦海中超越出来。③ 换言之,社会关怀不是纯粹的个人积功德和外在的助人行为,也不是在计算成果的指引下追寻自身或他人利益,而是自利与利他相结合观念指导下的完善自

---

① 张践:《用中华优秀传统文化引领宗教中国化》,《中国统一战线》2018年第9期。
② 江畅:《伦理学的繁荣发展与历史使命》,《人民日报》2019年5月27日。
③ 郑志明:《佛教与基督宗教世俗领域的神圣对话》,《佛教与基督教对话》,中华书局2005年版,第162页。

身。另一方面,社会关怀是宗教在人际伦常中的责任担当。社会关怀是宗教团体自身发展的文化教养与伦理责任,信仰者须从个人修行的完善出发,扩充到人际交往的伦常结构中,达到关心人类共同幸福。在行之有效的引导下,宗教社会关怀的领域随社会的发展变化而逐步拓展,环境、生命等问题进入宗教伦理关怀的范围,社会关怀已成为宗教伦理发挥积极作用、促进社会和谐的重要手段。显然,与时俱进地对宗教伦理进行时代阐释,突出宗教的伦理关怀功能,有助于推动宗教的健康发展,也有助于人类命运共同体的建设。

参考文献

Gregory Schopen, *Bones, Stones, and Buddhist Monks*, Ann Arbor, Michigan: University of Michigan, 1997.

Malcolm B. Hamilton, *The Sociology of Religion: Theoretical and Comparative*, London: Routledge, 1995.

[苏]阿尔汉格尔斯基主编:《伦理学研究方法论》,中国广播电视出版社 1992 年版。

奥尔森:《基督教神学思想史》,北京大学出版社 2003 年版。

彼得·贝格尔:《神圣的帷幕——宗教社会学理论之要素》,上海人民出版社 1991 年版。

蔡元培:《中国伦理学史》,东方出版社 1996 年版。

《藏外道书》第 3—4 册、第 12—28 册,巴蜀书社 1994 年版。

《藏外佛经》第 11—28 册,黄山书社 2005 年版。

陈兵、邓子美:《二十世纪中国佛教》,民族出版社 2000 年版。

陈登:《利玛窦伦理思想研究:兼论利玛窦对中西文化的会通》,湖南师范大学 2002 年博士学位论文。

陈独秀:《陈独秀著作选》第二卷,上海人民出版社 1993 年版。

陈独秀:《陈独秀著作选》第一卷,上海人民出版社 1993 年版。

陈建明主编:《基督教与中国伦理道德》,四川大学出版社 2002 年版。

陈来:《古代思想文化的世界——春秋时代的宗教、伦理与社会思想》,生活·读书·新知三联书店 2002 年版。

陈来:《古代宗教与伦理:儒家思想的根源》,北京大学出版社 2017 年版。

陈林:《近代福建基督教图书出版事业之研究(1842—1949)》,福建师范大学 2006 年博士学位论文。

陈麟书:《宗教伦理学概论》,宗教文化出版社 2005 年版。

陈荣捷:《现代中国的宗教趋势》,文殊出版社 1987 年版。

陈少峰:《中国伦理学史》上册,北京大学出版社 1996 年版。

陈少峰:《中国伦理学史》下册,北京大学出版社 1997 年版。

陈霞:《道教劝善书研究》,巴蜀书社 1999 年版。

陈瑛、焦国成主编:《中国伦理学百科全书——中国伦理思想史卷》,吉林人民出版社 1993 年版。

陈撄宁:《道教与养生》,华文出版社 2000 年版。

邓子美:《传统佛教与中国近代化——百年文化冲撞与交流》,华东师范大学出版社 1994 年版。

丁守和主编:《中国近代启蒙思潮》上、中、下卷,社会科学文献出版社 1999 年版。

《东传福音》第 2—4 册、第 12—23 册,黄山书社 2005 年版。

董群:《禅宗伦理》,浙江人民出版社 2000 年版。

段琦:《奋进的历程——中国基督教的本色化》,商务印书馆 2004 年版。

[德]费尔巴哈:《基督教的本质》,商务印书馆 1984 年版。

冯契:《冯契学述》,浙江人民出版社 1999 年版。

冯天瑜主编:《东方的黎明——中国文化走向近代的历程》,巴蜀书社 1988 年版。

[德]弗里德里希·施莱尔马赫:《基督教伦理学导论》,上海三联书店2017年版。

复旦大学基督教研究中心:《基督教学术——宗教、道德与社会关怀》,上海古籍出版社2004年版。

傅勤家:《中国道教史》,上海书店1984年版。

傅伟勋:《从传统到现代——佛教伦理与现代社会》,东大图书出版公司1990年版。

傅有德、[美]斯图沃德主编:《跨宗教对话:中国与西方》,中国社会科学出版社2004年版。

高国希:《道德哲学》,复旦大学出版社2005年版。

高瑞泉主编:《中国近代社会思潮》,华东师范大学出版社1996年版。

高师宁、何光沪编:《基督教文化与现代化》,中国社会科学出版社1996年版。

高振农:《佛教文化与近代中国》,上海社会科学院出版社1992年版。

葛懋春、蒋俊编选:《梁启超哲学思想论文集》,北京大学出版社1984年版。

葛兆光:《中国思想史的写法——中国思想史导论》,复旦大学出版社2004年版。

葛兆光:《中国思想史 第一卷 七世纪前中国的知识、思想与信仰世界》,复旦大学出版社1998年版。

龚书铎:《中国近代文化探索》,北京师范大学出版社1997年版。

龚学增:《宗教问题概论》第三版,四川人民出版社2007年版。

顾长声:《传教士与近代中国》,上海人民出版社1981年版。

顾长声:《从马礼逊到司徒雷登——来华新教传教士评传》,上海书店出版社 2005 年版。

顾卫民:《基督教与近代中国社会》,上海人民出版社 1996 年版。

郭广银等:《伦理新论:中国市场经济体制下的道德建设》,人民出版社 2004 年版。

郭广银:《伦理学原理》,南京大学出版社 1995 年版。

郭广银、杨明:《当代中国道德建设》,江苏人民出版社 2000 年版。

郭朋等:《中国近代佛学思想史稿》,巴蜀书社 1989 年版。

郭清香:《耶儒伦理比较研究——民国时期基督教与儒教伦理思想的冲突与融合》,中国社会科学出版社 2006 年版。

国务院宗教事务局政策法规司编:《马克思 恩格斯 列宁 斯大林论宗教问题》,中国社会科学出版社 1992 年版。

哈玛拉瓦·萨达提沙:《佛教伦理学》,上海译文出版社 2007 年版。

何除:《基督教与道教伦理思想研究》,四川大学出版社 2006 年。

何光沪主编:《宗教与当代中国社会》,中国人民大学出版社 2006 年版。

何怀宏:《伦理学是什么》,北京大学出版社 2002 年版。

何建明:《道家思想的历史转折》,华中师范大学出版社 1997 年版。

何建明:《佛法观念的近代调适》,广东人民出版社 1998 年版。

何立芳:《道教社会伦理思想之研究》,巴蜀书社 2010 年版。

[德]黑格尔:《法哲学原理》,商务印书馆 1961 年版。

弘一:《弘一大师法集》第五册,新文丰出版公司 1974 年印行。

洪修平:《禅宗思想的形成与发展》,江苏古籍出版社 1992 年版。

洪修平:《中国佛教文化历程》,江苏教育出版社 2005 年版。

胡孚琛、吕锡琛:《道学通论》,社会科学文献出版社 1999 年版。

胡珠生编:《宋恕集》上册,中华书局 1993 年版。

黄明理:《社会主义道德信仰研究》,人民出版社 2006 年版。

黄夏年主编：《印顺集》，中国社会科学出版社 1995 年版。

黄夏年主编：《圆瑛集》，中国社会科学出版社 1995 年版。

黄夏年主编：《章太炎集·杨度集》，中国社会科学出版社 1995 年版。

黄远庸：《远生遗著》卷一，商务印书馆 1919 年版。

黄云明：《宗教经济伦理研究》，人民出版社 2010 年版。

［美］霍姆斯·维慈：《中国佛教的复兴》，上海古籍出版社 2006 年版。

简又文：《太平天国典制通考》上、中、下册，（香港）简氏猛进书屋 1958 年版。

姜生、郭武：《明清道教伦理及其历史流变》，四川人民出版社 1999 年版。

姜生：《汉魏两晋南北朝道教伦理论稿》，四川大学出版社 1995 年版。

蒋朝君：《道教生态伦理思想研究》，东方出版社 2006 年版。

焦国成：《中国伦理学通论》，山西教育出版社 1997 年版。

［德］卡尔·白舍客：《基督宗教伦理学》，上海三联书店 2002 年版。

［美］坎默：《基督教伦理学》，中国社会科学出版社 1994 年版。

［德］康德：《道德形而上学原理》，上海人民出版社 2002 年版。

［德］康德：《实践理性批判》，人民出版社 2003 年版。

孔令宏：《宋明道教思想研究》，宗教文化出版社 2002 年版。

赖永海：《佛道诗禅——中国佛教文化论》，中国青年出版社 1990 年版。

赖永海：《宗教学概论》，南京大学出版社 1989 年版。

乐爱国：《中国道教伦理思想史稿》，齐鲁书社 2010 年版。

李炽昌主编：《文本实践与身份辨识——中国基督徒知识分子的中

文著述 1583—1949》，上海古籍出版社 2005 年版。

李传斌：《基督教在华医疗事业与近代中国社会（1835—1937）》，苏州大学 2001 年博士学位论文。

李尚英：《中国清代宗教史》，人民出版社 1995 年版。

李文治：《明清时代封建土地关系的松解》，中国社会科学出版社1993 年版。

李喜英：《中国道德教育现代转型与重构》，南京大学 2006 年博士学位论文。

李向平：《救世与救心——中国近代佛教复兴思潮研究》，上海人民出版社 1993 年版。

李养正：《当代中国道教 1949—1992》，中国社会科学出版社 1993年版。

李养正：《道教与中国社会》，中国华侨出版公司 1989 年版。

李志刚：《百年烟云，沧海一粟——近代中国基督教文化掠影》，今日中国出版社 1997 年版。

梁漱溟：《中国文化要义》，上海人民出版社 2005 年版。

林治平编著：《基督教在中国本色化论文集》，今日中国出版社 1998年版。

刘海鸥：《从传统到启蒙：中国传统家庭伦理的近代嬗变》，中国社会科学出版社 2005 年。

刘家峰编：《离异与融会：中国基督徒与本色教会的兴起》，上海世纪出版社 2005 年版。

刘小枫主编：《基督教文化评论》第八辑，贵州人民出版社 1998年版。

刘晓虹：《中国近代群己观变革探析》，复旦大学出版社 2001 年版。

刘延刚：《陈撄宁与道教文化的现代转型》，巴蜀书社 2006 年。

吕澂:《印度佛学源流略讲》,上海人民出版社 1979 年版。

吕大吉:《人道与神道:宗教伦理学导论》,上海人民出版社 1991年版。

吕大吉:《宗教学通论新编》,中国社会科学出版社 1998 年版。

罗秉祥、万俊人编:《宗教与道德之关系》,清华大学出版社 2003年版。

罗国杰主编:《中国伦理学百科全书——伦理学原理卷》,吉林人民出版社 1993 年版。

罗国杰主编:《中国伦理学百科全书——宗教伦理学卷》,吉林人民出版社 1993 年版。

罗明嘉、黄保罗:《基督宗教与中国文化:关于中国处境神学的中国—北欧会议论文集》,中国社会科学出版社 2004 年版。

罗荣渠:《现代化新论——世界与中国的现代化进程》,北京大学出版社 1993 年版。

罗章龙:《非宗教论》,巴蜀书社 1989 年版。

麻天祥:《反观人生的玄览之路——近现代中国佛学研究》,贵州人民出版社 1994 年版。

[德]马克斯·韦伯:《新教伦理与资本主义精神》,陕西师范大学出版社 2002 年版。

[英]麦格拉思:《基督教概论》,北京大学出版社 2003 年版。

[美]麦金太尔:《伦理学简史》,商务印书馆 2003 年版。

[美]麦金太尔:《追寻美德》,译林出版社 2003 年版。

[美]麦克·彼得森等:《理性与宗教信念——宗教哲学导论》第三版,中国人民大学出版社 2005 年版。

[英]麦克斯·缪勒:《宗教的起源与发展》,上海人民出版社 1989 年版。

《民国佛教期刊文献集成》目录 1—2 册、第 1—204 册,全国图书馆文献缩微复制中心 2006 年印。

牟钟鉴、张践:《中国宗教通史》(修订版)上、下册,社会科学文献出版社 2003 年版。

彭明、程啸:《近代中国的思想历程 1840—1949》,中国人民大学出版社 1999 年版。

彭欣:《星云大师人间佛教伦理思想研究》,宗教文化出版社 2017 年版。

卿希泰:《道教文化与现代社会生活》,巴蜀书社 2007 年版。

卿希泰主编:《中国道教史(修订版)》第四卷,四川人民出版社 1996 年版。

任继愈、何光沪编:《宗教学小辞典》,上海辞书出版社 2002 年版。

任继愈主编:《中国道教史》增订本,中国社会科学出版社 2001 年版。

任继愈主编:《宗教大辞典》,上海辞典出版社 1998 年版。

任俊华:《儒道佛生态伦理思想研究》,湖南师范大学 2004 年博士学位论文。

《三洞拾遗》第 1—11 册,黄山书社 2005 年版。

单纯:《宗教哲学》,中国社会科学出版社 2003 年版。

沈善洪、王凤贤:《中国伦理思想史》上、中、下册,人民出版社 2005 年版。

石峻等编:《中国佛教思想资料选编》第三卷第四册,中华书局 1990 年版。

时广东:《新儒学与现代化》,四川文艺出版社 2002 年版。

四川大学基督教研究中心:《基督教与中国伦理道德》,四川大学出版社 2002 年版。

宋希仁等主编:《伦理学大辞典》,吉林人民出版社1989年版。

宋希仁主编:《西方伦理学思想史》,湖南教育出版社2006年版。

孙尚扬、[比利时]钟鸣旦:《1840年前的中国基督教》,学苑出版社2004年版。

孙尚扬等:《基督教哲学在中国》,首都师范大学出版社2001年版。

孙尚扬、刘宗坤:《基督教哲学在中国》,首都师范大学出版社2002年版。

孙尚扬:《宗教社会学》,北京大学出版社2003年版。

孙燕京:《晚清社会风尚研究》,中国人民大学出版社2002年版。

孙中山:《孙中山全集》第六卷,中华书局1985年版。

太虚:《太虚大师全书》第1—3卷,21—25卷,善导寺佛经流通处1980年刊印。

唐大潮:《明清之际道教"三教合一"思想论》,宗教文化出版社2000年版。

唐大潮:《中国道教简史》,宗教文化出版社2001年版。

唐凯麟:《20世纪中国伦理思潮》,高等教育出版社2003年版。

唐晓峰:《赵紫宸的神学思想研究》,宗教文化出版社2006年版。

陶飞亚:《边缘的历史——基督教与近代中国》,上海古籍出版社2005年版。

万俊人:《现代性的伦理话语》,黑龙江人民出版社2002年版。

汪叔子编:《文廷式集》上、下册,中华书局1993年版。

汪树东选编:《苏曼殊作品精选》,长江文艺出版社2003年版。

王德峰编选:《国性与民德——梁启超文选》,上海远东出版社1995年版。

王立新:《美国传教士与晚清中国现代化》,天津人民出版社1997年版。

王美秀:《当代基督宗教社会关怀——理论与实践》,上海三联书店2006年版。

王明伦选编:《反洋教书文揭帖选》,齐鲁书社1984年版。

王明:《太平经合校》,中华书局1960年版。

王守常、钱文忠编:《人间关怀——20世纪中国佛教文化学术论集》,中国广播电视出版社1999年版。

王晓朝:《传统道德向现代道德的转型》,黑龙江人民出版社2004年版。

王晓朝:《宗教学基础十五讲》,北京大学出版社2003年版。

王月清:《中国佛教伦理研究》,南京大学出版社1999年版。

王泽应:《自然与道德——道家伦理道德精粹》,湖南大学出版社1999年版。

王治心:《中国基督教史纲》,上海古籍出版社2004年版。

王作安、卓新平主编:《宗教:关切世界和平》,宗教文化出版社2000年版。

[加]威尔弗雷德·坎特韦尔·史密斯:《宗教的意义与终结》,中国人民大学出版社2005年版。

吴熙钊:《中国近代道德启蒙》,吉林文史出版社1990年版。

吴言生等:《佛教与基督教对话》,中华书局2005年版。

伍成泉:《道教的道德教化研究》,知识产权出版社2013年版。

《习近平谈治国理政》第二卷,外文出版社2017年版。

《习近平谈治国理政》第三卷,外文出版社2020年版。

《习近平谈治国理政》第一卷,外文出版社2014年版。

席林:《天主教经济伦理学》,中国人民大学出版社2003年版。

夏东元编:《郑观应集》上册,上海人民出版社1982年版。

夏东元编:《郑观应集》下册,上海人民出版社1988年版。

肖万源:《中国近代思想家的宗教和鬼神观》,安徽人民出版社 1991 年版。

[法]谢和耐:《中国与基督教——中西文化的首次撞击》,上海古籍出版社 2003 年版。

邢军:《革命之火的洗礼:美国社会福音和中国基督教青年会 1919—1937》,上海古籍出版社 2006 年版。

徐顺教、季甄馥:《中国近代伦理思想研究》,华东师范大学出版社 1993 年版。

薛君度、刘志琴:《近代中国社会生活与观念变迁》,中国社会科学出版社 2001 年版。

[古希腊]亚里士多德:《尼各马科伦理学》,中国人民大学出版社 2003 年版。

杨明:《宗教与伦理》,译林出版社 2010 年版。

杨庆堃:《中国社会中的宗教》,上海人民出版社 2007 年版。

杨仁山:《杨仁山居士文集》,刘静娴、余晋点校,黄山书社 2006 年版。

杨天宏:《基督教与近代中国》,四川人民出版社 1994 年版。

杨曾文:《佛教的起源》,今日中国出版社 1989 年版。

姚兴富:《耶儒对话与融合——〈教会新报〉(1868—1874)》,宗教文化出版社 2005 年版。

业露华:《中国佛教伦理思想》,上海社会科学院出版社 2000 年版。

余敦康:《中国宗教与中国文化 宗教·哲学·伦理 卷2》,中国社会科学出版社 2005 年版。

袁志鸿:《当代道教人物》,华文出版社 2000 年版。

曾业英:《五十年来的中国近代史研究》,上海书店出版社 2000 年版。

詹石窗：《南宋金元的道教》，上海古籍出版社 1989 年版。

张彬：《晚明佛教伦理思想研究》，南京大学 2001 年博士学位论文。

张春香：《章太炎伦理思想研究》，武汉大学 2005 年博士学位论文。

张岱年：《中国伦理思想研究》，上海人民出版社 1989 年版。

张华：《杨文会与中国近代佛教思想转型》，宗教文化出版社 2004年版。

张怀承：《天人之变——中国传统伦理道德的近代转型》，湖南教育出版社 1993 年版。

张怀承：《无我与涅槃——佛家伦理道德精粹》，湖南大学出版社 1999 年版。

张岂之、陈国庆：《近代伦理思想的变迁》，中华书局 2000 年版。

张西平、卓新平编：《本色之探——20 世纪中国基督教文化学术论集》，中国广播电视出版社 1999 年版。

张锡勤等：《中国近现代伦理思想史》，黑龙江人民出版社 1984年版。

张晓东：《中国现代化进程中的道德重建》，贵州人民出版社 2002年版。

张晓林：《天主实义与中国学统——文化互动与诠释》，学林出版社 2005 年版。

张昭军：《清代理学史》下卷，广东教育出版社 2007 年版。

张志刚、斯图尔德主编：《东西方宗教伦理及其他》，中央编译出版社 1997 年版。

张志刚主编：《宗教研究指要》，北京大学出版社 2005 年版。

章太炎：《章太炎全集》第四册，上海人民出版社 1985 年版。

赵敦华：《基督教哲学 1500 年》，人民出版社 2005 年版。

赵建敏主编：《天主教研究论辑》第 2 辑，宗教文化出版社 2005

年版。

赵紫宸:《赵紫宸文集》第二卷,商务印书馆 2004 年版。

赵紫宸:《赵紫宸文集》第三卷,商务印书馆 2007 年版。

赵紫宸:《赵紫宸文集》第一卷,商务印书馆 2003 年版。

中共中央马克思恩格斯列宁斯大林著作编译局编译:《马克思恩格斯选集》第一卷,人民出版社 1995 年版。

中国社科院世界宗教研究所编:《宗教·道德·文化》,宁夏人民出版社 1988 年版。

钟离蒙、杨凤麟主编:《中国现代哲学史资料汇编(第一集第十一册)——无神论和宗教问题的论战》(下),辽宁大学哲学系 1981 年刊印。

钟肇鹏主编:《道教小辞典》,上海辞书出版社 2001 年版。

朱维铮主编:《马相伯集》,复旦大学出版社 1996 年版。

朱熹:《四书集注》,岳麓书社 1997 年版。

朱贻庭主编:《中国传统伦理思想史》,华东师范大学出版社 1989 年版。

卓新平、许志伟主编:《基督宗教研究》第五辑,宗教文化出版社 2002 年版。

卓新平主编:《宗教比较与对话》第三辑,宗教文化出版社 2001 年版。

[日]佐佐木教悟等:《印度佛教史概说》,复旦大学出版社 1993 年版。

后 记

此书稿由我的博士论文修改完善而成。时光真不经用,没有声响、没有影子,不知不觉间与自己擦肩而过,默默算来,距离博士论文答辩已有十五年有余。依稀记得,在南京大学求学求教的日子,每天在文科楼、图书馆、宿舍间穿梭,迎着朝阳而出,伴着月色而归,研读或平易或艰涩的先贤经典,翻阅有些泛黄甚至飘落尘土的古籍书卷,不停地写,不断地改,虽每日似苦行僧式般,但也享受这般宁静、收获成长喜悦。在这个意义上说,论文就是这段岁月留下的斑斓光影,如鸿爪雪泥,不时浮上心头,值得记忆和留念。

此书稿基本保持了论文原貌。主要在三个方面作了修改完善:一是坚持以党的创新理论为指导,全面梳理党的十八大以来习近平总书记关于宗教伦理的重要论述、重大论断,自觉用以指导实践、分析问题、把准方向,更有针对性地开展研究、把握规律、提出建议;二是进行了删繁就简,将重复出现、反复引用的文字删去,竭力将可有可无的字、句、段精简;三是对引文、出处再次作了校核,对书稿的语言逻辑、结构逻辑进行了再推敲,尽其可能做到严谨规范。

最后,感谢授业恩师郭广银教授的栽培和教诲,感谢一路来各位领导、老师、朋友,以及家人的支持和帮扶,在此一并致谢。

作者于金陵记之

2023 年 8 月 12 日